建筑与市政工程施工现场专业人员职业标准培训教材

质量员岗位知识与专业技能(设备方向)

(第三版)

中国建设教育协会　组织编写
傅慈英　屈振伟　主　编

中国建筑工业出版社

图书在版编目（CIP）数据

质量员岗位知识与专业技能. 设备方向 / 中国建设教育协会组织编写；傅慈英，屈振伟主编. — 3 版. — 北京：中国建筑工业出版社，2023.3
建筑与市政工程施工现场专业人员职业标准培训教材
ISBN 978-7-112-28411-5

Ⅰ. ①质… Ⅱ. ①中… ②傅… ③屈… Ⅲ. ①房屋建筑设备—质量管理—职业培训—教材 Ⅳ. ①TU712

中国国家版本馆 CIP 数据核字（2023）第 033278 号

本书是在第二版的基础上，依据《建筑与市政工程施工现场专业人员考核评价大纲》进行了修订。本次修订及时更新了行业法律法规及相关规范的内容，调整了书稿的章节结构，保证了本书的参考和使用价值。

全书共分上下两篇，上篇岗位知识包括：设备安装相关管理规定和标准；工程质量管理基本知识；施工质量计划的内容和编制方法；工程质量控制的方法；施工试验的内容、方法和判定标准；质量问题的分析、预防及处理方法。下篇专业技能包括：施工项目质量计划的编制；材料、设备的质量评价；施工试验结果的判断；施工图的识读；施工质量控制点的确定；质量控制文件的编写；工程质量检查、验收；质量缺陷的识别、分析和处理；质量事故的调查、分析和处理；质量资料的编制、收集和整理。

本书可供质量员（设备方向）的从业人员及相关专业人员学习、培训使用。

责任编辑：周娟华　李　慧　李　明　李　杰
责任校对：党　蕾

建筑与市政工程施工现场专业人员职业标准培训教材
质量员岗位知识与专业技能（设备方向）
（第三版）
中国建设教育协会　组织编写
傅慈英　屈振伟　主　编

*

中国建筑工业出版社出版、发行（北京海淀三里河路 9 号）
各地新华书店、建筑书店经销
北京红光制版公司制版
北京云浩印刷有限责任公司印刷

*

开本：787 毫米×1092 毫米　1/16　印张：9¾　字数：239 千字
2023 年 4 月第三版　　2023 年 4 月第一次印刷
定价：**35.00** 元
ISBN 978-7-112-28411-5
（40254）

版权所有　翻印必究
如有印装质量问题，可寄本社图书出版中心退换
（邮政编码 100037）

建筑与市政工程施工现场专业人员职业标准培训教材
编 审 委 员 会

主　任：赵　琦　李竹成

副主任：沈元勤　张鲁风　何志方　胡兴福　危道军
　　　　尤　完　赵　研　邵　华

委　员：（按姓氏笔画为序）

王兰英　王国梁　孔庆璐　邓明胜　艾永祥
艾伟杰　吕国辉　朱吉顶　刘尧增　刘哲生
孙沛平　李　平　李　光　李　奇　李　健
李大伟　杨　苗　时　炜　余　萍　沈　汛
宋岩丽　张　晶　张　颖　张亚庆　张晓艳
张悠荣　张燕娜　陈　曦　陈再捷　金　虹
郑华孚　胡晓光　侯洪涛　贾宏俊　钱大治
徐家华　郭庆阳　韩炳甲　鲁　麟　魏鸿汉

出版说明

建筑与市政工程施工现场专业人员队伍素质是影响工程质量和安全生产的关键因素。我国从 20 世纪 80 年代开始,在建设行业开展关键岗位培训考核和持证上岗工作。对于提高建设行业从业人员的素质起到了积极的作用。进入本世纪,在改革行政审批制度和转变政府职能的背景下,建设行业教育主管部门转变行业人才工作思路,积极规划和组织职业标准的研发。在住房和城乡建设部人事司的主持下,由中国建设教育协会、苏州二建建筑集团有限公司等单位主编了建设行业的第一部职业标准——《建筑与市政工程施工现场专业人员职业标准》,已由住房和城乡建设部发布,作为行业标准于 2012 年 1 月 1 日起实施。为推动该标准的贯彻落实,进一步编写了配套的 14 个考核评价大纲。

该职业标准及考核评价大纲有以下特点:(1) 系统分析各类建筑施工企业现场专业人员岗位设置情况,总结归纳了 8 个岗位专业人员核心工作职责,这些职业分类和岗位职责具有普遍性、通用性。(2) 突出职业能力本位原则,工作岗位职责与专业技能相互对应,通过技能训练能够提高专业人员的岗位履职能力。(3) 注重专业知识的完整性、系统性,基本覆盖各岗位专业人员的知识要求,通用知识具有各岗位的一致性,基础知识、岗位知识能够体现本岗位的知识结构要求。(4) 适应行业发展和行业管理的现实需要,岗位设置、专业技能和专业知识要求具有一定的前瞻性、引导性,能够满足专业人员提高综合素质和适应岗位变化的需要。

为落实职业标准,规范建设行业现场专业人员岗位培训工作,我们依据与职业标准相配套的考核评价大纲,组织编写了《建筑与市政工程施工现场专业人员职业标准培训教材》。

本套教材覆盖《建筑与市政工程施工现场专业人员职业标准》涉及的施工员、质量员、安全员、标准员、材料员、机械员、劳务员、资料员 8 个岗位 14 个考核评价大纲。每个岗位、专业,根据其职业工作的需要,注意精选教学内容、优化知识结构、突出能力要求,对知识、技能经过合理归纳,编写为《通用与基础知识》和《岗位知识与专业技能》两本,供培训配套使用。本套教材共 28 本,作者基本都参与了《建筑与市政工程施工现场专业人员职业标准》的编写,使本套教材的内容能充分体现《建筑与市政工程施工现场专业人员职业标准》的要求,促进现场专业人员专业学习和能力的提高。

第三版教材在上版教材的基础上,依据考核评价大纲,总结使用过程中发现的不足之处,参照最新现行法律法规及标准、规范,结合"四新"内容,对教材内容进行了调整、修改、补充,使之更加贴近学员需求,方便学员顺利通过培训测试。

我们的编写工作难免存在不足,因此,我们恳请使用本套教材的培训机构、教师和广大学员多提宝贵意见,以便进一步的修订,使其不断完善。

建筑与市政工程施工现场专业人员职业标准培训教材编审委员会

第三版前言

为满足最新国家标准、法律法规和管理规定，适应建筑与市政工程专业人员全国统一考核评价质量员（设备方向）考前培训与复习的需要，本书是在2017年7月第二版基础上修订而成。本次修订的主要内容包括：一是严格按照住房和城乡建设部人事司颁布的《建筑与市政工程施工现场专业人员考核评价大纲》（建人专函〔2012〕70号）要求，对全书内容进行了增删和重组，在符合大纲要求的前提下使之更精练；二是根据最新国家强制性标准、法规和管理规定对相关内容进行了改写，保持内容的符合性；三是结合施工现场新技术、新设备、新材料、新工艺的应用情况，对"四新"技术的内容进行了增减，保持了内容的先进性。

本书在内容上根据大纲要求进行了调整、整合、精练，并尽可能满足应考者的需要，本书也可供质量员（设备方向）的从业人员及相关专业人员学习、培训使用。

本教材由傅慈英、屈振伟主编，参编人员有徐元东、沈灿钢、唐宇乾、周海东、吴剩勇、王明坚、傅天哲、朱剑、俞哲晟、张虎林、汪小中、张远强、应勇、林炜、费岩峰、陈希夷、吴姣、包晓琴、高国现、余鸿雁、余立成、王挺、方合庆、郑士继、胡萍。

限于编者水平，书中疏漏和错误难免，敬请读者批评指正。

第二版前言

本书是为了满足建筑与市政工程专业现场专业人员全国统一考核评价质量员（设备方向）考前培训与复习的需要，在2014年7月第一版基础上修订而成的。本次所作的修订主要有：(1) 严格按照住房和城乡建设部人事司颁布的《建筑与市政工程施工现场专业人员考核评价大纲》（建人专函〔2012〕70号），对全书内容进行了增删和重组，使之完全符合考评大纲；(2) 根据有关最新标准、法规和管理规定对全书内容进行了修改，保持了内容的先进性。

本书在内容上依据新颁行的考试大纲作了相应的补充，同时在结构上也按新考试大纲的要求作了调整，希冀应考者便于学习。编写时对原教材中不符合新颁行实施的施工技术规范的内容作了删除，并按新施工技术规范的要求进行了改写。本书可供质量员（设备方向）的从业人员及相关专业人员学习、培训使用。

本教材由钱大治、傅慈英主编。参编人员有毛国伟、张远强、姜伟国、俞洪伟、屈振伟、张虎林、徐元东、屠纪松、方合庆、蒲月、余鸿雁、吴剩勇、王挺、费岩峰、唐宇乾、林炜、余立成、周海东、吴姣、沈灿钢、任翔、翁祝梅、郑士继、刘尧增、胡萍。

教材编写过程中，得到了浙江省建设厅人教处的大力支持、帮助和指导，谨此表示感谢，限于编者水平，书中疏漏和错误难免，敬请读者批评指正。

第一版前言

本教材依据《建筑与市政工程施工现场专业人员职业标准》JGJ/T 250—2011 及与其配套的《建筑与市政工程施工现场专业人员考核评价大纲》编写。

在编写时结合实际需要及现实情况对考核评价大纲的内容作适当的突破，因而教材编写的范围做了少许的扩大，待试用中给以鉴别。

考核评价大纲的体例有所创新，将知识和能力分解成四大部分。而房屋建筑安装工程的三大专业即给水排水专业、建筑电气专业、通风与空调专业的培训教材历来是各专业纵向自成体系，这次要拆解成横向联合嵌入四大部分中，给编写工作带来难度，表现为分解得是否合理，编排上是否零乱，衔接关系是否能呼应。这些我们也是在尝试中，再加上水平有限，难免有较多的瑕疵出现，请使用教材者多提意见，使其不断得到改进。

本教材由钱大治任主编，刘尧增、郑华孚任副主编。参编人员有邓爱华、叶庭奎、张友昌、吕国辉、石修仁、韩炳甲、鲁麟、赵宇、宣根、朱志航、费岩峰、方合庆、傅慈英、盛丽、周海东。

教材完稿后，由编审小组召集傅慈英、翁祝梅、余鸿雁、盛丽、石修仁等业内专家进行审查，审查认为符合"标准"和"大纲"的要求，将提出的意见进行修改后，可以付诸试用。

教材编写过程中，得到了浙江省建设厅人教处郭丽华、章凌云、王战等同志的大力支持、帮助和指导，谨此表示感谢。

目 录

上篇 岗位知识 … 1

一、设备安装相关管理规定和标准 … 1
   （一）建设工程质量管理法规、规定 … 1
   （二）建筑工程施工质量验收标准和规范 … 11

二、工程质量管理基本知识 … 42
   （一）工程质量管理及控制体系 … 42
   （二）ISO 9000 质量管理体系 … 47

三、施工质量计划的内容和编制方法 … 50
   （一）施工质量策划的内容 … 50
   （二）施工质量计划的内容 … 51
   （三）施工质量计划的编制方法及实施 … 53

四、工程质量控制的方法 … 55
   （一）影响质量的主要因素 … 55
   （二）施工质量的控制 … 56
   （三）质量控制点的设置 … 58

五、施工试验的内容、方法和判定标准 … 60
   （一）概述 … 60
   （二）各专业的施工试验 … 61

六、质量问题的分析、预防及处理方法 … 67
   （一）质量问题的类别 … 67
   （二）质量问题主要形成原因 … 68
   （三）质量问题的处理 … 69

下篇 专业技能 … 72

七、施工项目质量计划的编制 … 72
   （一）技能简介 … 72
   （二）案例分析 … 74

八、材料、设备的质量评价 … 80
   （一）技能简介 … 80
   （二）案例分析 … 82

九、施工试验结果的判断 …………………………………………… 87
　　（一）技能简介 …………………………………………………… 87
　　（二）案例分析 …………………………………………………… 89
十、施工图的识读 …………………………………………………… 97
　　（一）技能简介 …………………………………………………… 97
　　（二）案例分析 …………………………………………………… 99
十一、施工质量控制点的确定 ……………………………………… 108
　　（一）技能简介 …………………………………………………… 108
　　（二）案例分析 …………………………………………………… 109
十二、质量控制文件的编写 ………………………………………… 115
　　（一）技能简介 …………………………………………………… 115
　　（二）案例分析 …………………………………………………… 116
十三、工程质量检查、验收 ………………………………………… 122
　　（一）技能简介 …………………………………………………… 122
　　（二）案例分析 …………………………………………………… 126
十四、质量缺陷的识别、分析和处理 ……………………………… 129
　　（一）技能简介 …………………………………………………… 129
　　（二）案例分析 …………………………………………………… 130
十五、质量事故的调查、分析和处理 ……………………………… 133
　　（一）技能简介 …………………………………………………… 133
　　（二）案例分析 …………………………………………………… 134
十六、质量资料的编制、收集和整理 ……………………………… 138
　　（一）技能简介 …………………………………………………… 138
　　（二）案例分析 …………………………………………………… 141
参考文献 ……………………………………………………………… 144

上篇 岗位知识

一、设备安装相关管理规定和标准

本章对建设工程质量管理法规规定和建筑工程施工质量验收标准及规范作出介绍,供学习者在实际工作中参考应用。

(一) 建设工程质量管理法规、规定

本节对工程建设中必须遵循的有关工程质量管理的规定作出介绍。

1. 强制性工程建设规范的实施、监督管理、违规处罚的规定

(1) 强制性工程建设规范的实施

强制性工程建设规范具有强制约束力,是保障人民生命财产安全、人身健康、工程安全、生态环境安全、公共权益和公众利益,以及促进能源资源节约利用、满足经济社会管理等方面的控制性底线要求,工程建设项目的勘察、设计、施工、验收、维修、养护、拆除等建设活动全过程中必须严格执行。强制性工程建设标准规范由国务院住房和城乡建设主管部门会同国务院有关行政主管部门制定。

(2) 监督管理

1) 国务院住房和城乡建设主管部门负责全国实施强制性工程建设规范的监督管理。

2) 国务院有关行政主管部门按照职能分工负责实施强制性工程建设规范的监督管理工作。

3) 县级以上地方人民政府住房和城乡建设主管部门负责本行政区域对实施强制性工程建设规范的监督管理工作。

4) 监督检查内容

① 有关工程技术人员是否熟悉、掌握强制性工程建设规范的规定。

② 工程项目的规划、勘察、设计、施工、验收等是否符合强制性工程建设规范的规定。

③ 工程项目采用的新技术、新工艺、新设备、新材料是否符合现行强制性工程建设规范规定,当不符合时,应当由采用单位提供经建设单位组织的、经报批准标准的住房和城乡建设主管部门或者国务院有关部门审定技术论证文件。

④ 工程项目的安全、质量是否符合强制性工程建设规范的规定。

⑤ 工程中采用的导则、指南、手册、计算机软件的内容是否符合强制性工程建设规范的规定。

(3) 职责和处罚

1) 任何单位和个人对违反工程建设强制性标准的行为有权向建设行政主管部门或者有关部门检举、控告、投诉。

2) 施工单位违反工程建设强制性标准的，责令改正，处工程合同价款2%以上、4%以下的罚款；造成建设工程质量不符合规定的质量标准的，负责返工修理，并赔偿因此造成的损失，情节严重的，责令停业整顿，降低资质等级或者吊销资质证书。

2. 房屋建筑和市政基础设施工程竣工验收备案管理的规定

(1) 管辖

1) 国务院住房和城乡建设主管部门负责全国房屋建筑和市政基础设施工程的竣工验收备案管理工作。

2) 县级以上地方人民政府建设行政主管部门负责本行政区域内工程的竣工验收备案管理工作。

(2) 职责

1) 建设单位应自工程竣工验收合格之日起15日内，依据《房屋建筑和市政基础设施工程竣工验收备案管理办法》规定，向工程所在地县级以上地方人民政府建设行政主管部门（备案机关）备案。

2) 工程质量监督机构应当在工程竣工验收之日起5日内，向备案机关提交工程质量监督报告。

(3) 竣工验收

根据《房屋建筑和市政基础设施工程竣工验收规定》（建质〔2013〕171号），竣工验收时：

1) 工程完工后，施工单位向建设单位提交工程竣工报告，申请工程竣工验收。实行监理的工程，工程竣工报告须经总监理工程师签署意见。

2) 建设单位收到工程竣工报告后，对符合竣工验收要求的工程，组织勘察、设计、施工、监理等单位组成验收组，制定验收方案。对于重大工程和技术复杂工程，根据需要可邀请有关专家参加验收组。

3) 建设单位应当在工程竣工验收7个工作日前将验收的时间、地点及验收组名单书面通知负责监督该工程的工程质量监督机构。

4) 建设单位组织工程竣工验收。

① 建设、勘察、设计、施工、工程监理单位分别汇报工程合同履约情况和在工程建设各个环节执行法律、法规和工程建设强制性标准的情况。建筑工程竣工验收时，有关部门应按照设计单位的设计文件进行验收。

② 审阅建设、勘察、设计、施工、监理单位的工程档案资料。

③ 实地查验工程质量。

④ 对工程勘察、设计、施工、设备安装质量和各管理环节等方面作出全面评价，形成经验收组人员签署的工程竣工验收意见。当参与工程竣工验收的建设、勘察、设计、施工、监理等各方不能形成一致意见时，应当协商提出解决的方法，待意见一致后，重新组织工程竣工验收。

（4）竣工验收备案提交的文件

1）工程竣工验收备案表。

2）工程竣工验收报告。包括：

① 工程报建日期。

② 施工许可证号。

③ 施工图设计文件审查意见。

④ 勘察、设计、施工、工程监理等单位分别签署的质量合格文件及验收人员签署的竣工验收原始文件。

⑤ 市政基础设施的有关质量检测和功能性试验资料。

⑥ 备案机关认为需要提供的有关资料。

3）法律、法规规定应当由规划、建设、环保等行政主管部门出具的规划认可、消防验收、环保验收等文件或准许使用文件。

4）施工单位签署的工程质量保修书。

5）法律、规章规定必须提供的其他文件。

6）商品住宅还应提交《住宅质量保证书》和《住宅使用说明书》。

（5）备案机关发现建设单位在竣工验收过程中有违反国家有关建设工程质量管理规定行为的，应在收讫竣工验收备案文件15日内，责令停止使用，重新组织竣工验收。

3. 房屋建筑工程质量保修范围、保修期限和违规处罚的规定

（1）定义

房屋建筑工程质量保修是指对房屋建筑工程竣工验收后在保修期限内出现的质量缺陷，予以修复。

（2）保修期限

在正常使用情况下，房屋建筑工程的最低保修期限为：

1）地基基础工程和主体结构工程，为设计文件规定的该工程的合理使用年限。

2）屋面防水工程，有防水要求的卫生间、房间和外墙面的防渗漏，为5年。

3）供热与供冷系统，为2个采暖期、供冷期。

4）电气管线、给水排水管道、设备安装为2年。

5）装修工程为2年。

其他项目的保修由建设单位和施工单位约定。

（3）保修程序

1）建设单位或房屋所有人在保修期内发现质量缺陷，向施工单位发出保修通知书。

2）施工单位接保修通知书后到现场核查确认。

3）在保修书约定时间内施工单位实施保修修复。

4）保修完成后，建设单位或房屋所有人进行验收。

5）发生涉及结构安全的质量缺陷，建设单位或者房屋建筑所有人应当立即向当地建设行政主管部门报告，采取安全防范措施；由原设计单位或者具有相应资质等级的设计单位提出保修方案，施工单位实施保修，原工程质量监督机构负责监督。

(4) 不属于保修的范围

1) 因使用不当或者第三方造成的质量缺陷。

2) 不可抗力造成的质量缺陷。

(5) 房地产开发企业售出的商品房保修，还应执行《城市房地产开发经营管理条例》和其他有关规定。

4. 特种设备施工管理和检验验收的规定

(1) 特种设备的定义及分类

依据《中华人民共和国特种设备安全法》（以下简称《特种设备安全法》），特种设备是指对人身和财产安全有较大危险性的锅炉、压力容器（含气瓶）、压力管道、电梯、起重机械、客运索道、大型游乐设施、场（厂）内专用机动车辆，以及法律、行政法规规定适用《特种设备安全法》的其他特种设备。特种设备包括其所用的材料、附属的安全附件、安全保护装置和与安全保护装置相关的设施。

国家对特种设备实行目录管理。特种设备目录由国务院负责特种设备安全监督管理的部门制定，报国务院批准后执行。依据 2009 年 1 月 24 日国务院修订的《特种设备安全监察条例》（国务院令第 549 号）和 2014 年 10 月 30 日《质检总局关于修订〈特种设备目录〉的公告》（2014 年第 114 号）的规定，特种设备包括锅炉、压力容器（含气瓶）、压力管道、电梯、起重机械、客运索道、大型游乐设施、场（厂）内专用机动车辆等。具体界定为：

1) 锅炉，是指利用各种燃料、电或者其他能源，将所盛装的液体加热到一定的参数，并通过对外输出介质的形式提供热能的设备，其范围规定为设计正常水位容积大于或者等于 30L，且额定蒸汽压力大于或者等于 0.1MPa（表压）的承压蒸汽锅炉；出口水压大于或者等于 0.1MPa（表压），且额定功率大于或者等于 0.1MW 的承压热水锅炉；额定功率大于或者等于 0.1MW 的有机热载体锅炉。

2) 压力容器，是指盛装气体或者液体，承载一定压力的密闭设备，其范围规定为最高工作压力大于或者等于 0.1MPa（表压）的气体、液化气体和最高工作温度高于或者等于标准沸点的液体、容积大于或者等于 30L 且内直径（非圆形截面指截面内边界最大几何尺寸）大于或者等于 150mm 的固定式容器和移动式容器；盛装公称工作压力大于或者等于 0.2MPa（表压），且压力与容积的乘积大于或者等于 1.0MPa·L 的气体、液化气体和标准沸点等于或者低于 60℃液体的气瓶；氧舱。

3) 压力管道，是指利用一定的压力，用于输送气体或者液体的管状设备，其范围规定为最高工作压力大于或者等于 0.1MPa（表压），介质为气体、液化气体、蒸汽或者可燃、易爆、有毒、有腐蚀性、最高工作温度高于或者等于标准沸点的液体，且公称直径大于或者等于 50mm 的管道。公称直径小于 150mm，且其最高工作压力小于 1.6MPa（表压）的输送无毒、不可燃、无腐蚀性气体的管道和设备本体所属管道除外。其中，石油天然气管道的安全监督管理还应按照《中华人民共和国安全生产法》《中华人民共和国石油天然气管道保护法》等法律法规实施。

4) 电梯，是指动力驱动，利用沿刚性导轨运行的箱体或者沿固定线路运行的梯级（踏步），进行升降或者平行运送人、货物的机电设备，包括载人（货）电梯、自动扶梯、自动人行道等。非公共场所安装且仅供单一家庭使用的电梯除外。

5）起重机械，是指用于垂直升降或者垂直升降并水平移动重物的机电设备，其范围规定为额定起重量大于或者等于0.5t的升降机；额定起重量大于或者等于3t（或额定起重力矩大于或者等于40t·m的塔式起重机，或生产率大于或者等于300t/h的装卸桥），且提升高度大于或者等于2m的起重机；层数大于或者等于2层的机械式停车设备。

6）客运索道，是指动力驱动，利用柔性绳索牵引箱体等运载工具运送人员的机电设备，包括客运架空索道、客运缆车、客运拖牵索道等。非公用客运索道和专用于单位内部通勤的客运索道除外。

7）大型游乐设施，是指用于经营目的、承载乘客游乐的设施，其范围规定为设计最大运行线速度大于或者等于2m/s，或者运行高度距地面高于或者等于2m的载人大型游乐设施。用于体育运动、文艺演出和非经营活动的大型游乐设施除外。

8）场（厂）内专用机动车辆，是指除道路交通、农用车辆以外仅在工厂厂区、旅游景区、游乐场所等特定区域使用的专用机动车辆。

（2）特种设备生产许可实施主体和许可目录

按照《特种设备安全法》规定，特种设备生产是指特种设备的设计、制造、安装、改造、修理等。

1）特种设备生产许可实施主体

特种设备生产单位许可实施主体是国家市场监督管理总局和省级人民政府负责特种设备安全监督管理的部门，即特种设备生产单位许可的发证机关。

2）特种设备生产单位许可目录

特种设备生产单位的许可类别、许可项目和子项目、许可参数和级别以及发证机关，按照国家市场监管总局2021年11月30日《关于特种设备行政许可有关事项的公告》（2021年第41号）中发布的《特种设备生产单位许可目录》执行，许可项目和子项目中的设备种类、类别和品种按照《特种设备目录》执行。其中，主要安装改造修理单位的许可级别划分如下：

① 承压类特种设备安装、修理、改造

A. 锅炉安装（含修理、改造）

A级：额定出口压力大于2.5MPa的蒸汽锅炉和热水锅炉；

B级：额定出口压力小于或等于2.5MPa的蒸汽锅炉、热水锅炉和有机热载体锅炉。

注：锅炉安装许可A级可覆盖B级；具有锅炉制造许可的生产单位可以进行相应级别的锅炉安装和修理。

B. 长输管道安装（含修理、改造）

GA1级：设计压力大于4.0MPa（表压）的长输输油、输气管道；

GA2级：除GA1级以外的其他长输管道。

注：长输管道安装许可GA1级可覆盖GA2级。

C. 公用管道安装

GB1级：燃气管道；

GB2级：热力管道。

D. 工业管道安装

GC1 级：工艺管道，包括输送《危险化学品目录》中规定的毒性程度为急性毒性类别 1 介质、急性毒性类别 2 气体介质和工作温度高于其标准沸点的急性毒性类别 2 液体介质的工艺管道；输送《石油化工企业设计防火标准》GB 50160—2008（2018 年版）、《建筑设计防火规范》GB 50016—2014（2018 年版）中规定的火灾危险性为甲、乙类可燃气体或者甲类可燃液体（包括液化烃），并且设计压力大于或者等于 4.0MPa 的工艺管道；输送流体介质，并且设计压力大于或者等于 10.0MPa，或者设计压力大于或者等于 4.0MPa 且设计温度高于或者等于 400℃ 的工艺管道；

GC2 级：GC1 级以外的工艺管道，制冷管道；

GCD 级：动力管道。

注：工业管道安装许可 GC1 级、GCD 级覆盖 GC2 级。具有锅炉安装许可的生产单位可以进行与所安装锅炉直接相连接的压力管道安装。具有压力容器制造许可的生产单位可以进行与所安装压力容器直接相连接的压力管道安装。

E. 压力容器安装

压力容器制造单位可以安装相应制造许可级别的压力容器，锅炉安装、压力管道安装单位，可以安装除氧舱以外所有压力容器。

② 电梯安装（含修理）

A. 曳引驱动乘客电梯（含消防员电梯）

A1 级：额定速度＞6.0m/s；

A2 级：2.5m/s＜额定速度≤6.0m/s；

B 级：额定速度≤2.5m/s。

注：曳引驱动乘客电梯安装许可 A1 级覆盖 A2 级和 B 级，A2 级覆盖 B 级。

B. 曳引驱动载货电梯和强制驱动载货电梯（含防爆电梯中的载货电梯）

C. 自动扶梯与自动人行道

D. 液压驱动电梯

E. 杂物电梯（含防爆电梯中的杂物电梯）

③ 起重机械安装（含修理）

A. 桥式、门式起重机

A 级：额定起重量 200t 以上；

B 级：额定起重量 200t 及以下。

注：桥式、门式起重机安装许可 A 级覆盖 B 级，岸边集装箱起重机、装卸桥纳入 A 级许可。

B. 流动式起重机

A 级：额定起重量 100t 以上；

B 级：额定起重量 100t 及以下。

注：流动式起重机安装许可 A 级覆盖 B 级。

C. 门座式起重机

A 级：额定起重量 40t 以上；

B 级：额定起重量 40t 及以下。

注：门座式起重机安装许可 A 级覆盖 B 级。

D. 机械式停车设备

E. 塔式起重机、升降机

F. 缆索式起重机

G. 桅杆式起重机

（3）特种设备生产许可条件

特种设备生产许可的申请单位，应当具有法定资质，具有与许可范围相适应的资源条件，建立并且有效实施与许可范围相适应的质量保证体系、安全管理制度等，具备保障特种设备安全性能的技术能力。

1）资源条件

申请单位应当具有以下与许可范围相适应，并且满足生产需要的资源条件：

① 人员，包括管理人员、技术人员、检测人员、作业人员等；

② 工作场所，包括场地、厂房、办公场所、仓库等；

③ 设备设施，包括生产设备、工艺装备、检测仪器、试验装置等；

④ 技术资料，包括设计文件、工艺文件、施工方案、检验规程等；

⑤ 法规标准，包括法律、法规、规章、安全技术规范及相关标准。

具体资源条件和要求应符合《特种设备生产和充装单位许可规则》TSG 07—2019 附件 B 至附件 L 规定。

2）质量保证体系

申请单位应当按照《特种设备生产和充装单位许可规则》TSG 07—2019 的要求，建立与许可范围相适应的质量保证体系，并且保持有效实施。

3）技术能力

申请单位应当具备保障特种设备安全性能的技术能力，按照特种设备安全技术规范及相关标准要求进行产品设计、制造、安装、改造、修理等活动。

（4）特种设备的生产

1）特种设备生产单位具备了生产条件后，还必须经负责特种设备安全监督管理的部门许可，方可从事相应的生产活动。

2）特种设备生产单位应当保证特种设备生产符合安全技术规范及相关标准的要求，对其生产的特种设备的安全性能负责，不得生产不符合安全性能要求和能效指标以及国家明令淘汰的特种设备。

3）电梯的安装、改造、修理，必须由电梯制造单位或者其委托的依照《特种设备安全法》取得相应许可的单位进行。电梯制造单位委托其他单位进行电梯安装、改造、修理的，应当对其安装、改造、修理进行安全指导和监控，并按照安全技术规范的要求进行校验和调试。电梯制造单位对电梯安全性能负责。

4）锅炉、压力容器、压力管道元件等特种设备的制造过程和锅炉、压力容器、压力管道、电梯、起重机械、客运索道、大型游乐设施的安装、改造、重大修理过程，应当经特种设备检验机构按照安全技术规范的要求进行监督检验；未经监督检验或者监督检验不合格的，不得出厂或者交付使用。

（5）特种设备的施工前告知

1）特种设备安装、改造、修理的施工单位应当在施工前将拟进行的特种设备安装、改造、修理情况书面告知直辖市或者设区的市级人民政府负责特种设备安全监督管理的部门，告知后即可施工。

2) 特种设备安装、改造、修理施工前，施工单位应当向监检机构申请监督检验，监检机构接受申请后，应及时开展监督检验。

(6) 特种设备的监督检验

1) 监督检验的概念

监督检验是指特种设备制造、安装、改造、修理施工过程中，在施工单位自检合格的基础上，由国家特种设备监督管理部门核准的检验机构，按照特种设备安全技术规范对制造、安装、改造、修理过程进行的符合性验证。监督检验项目、合格标准、报告格式等已在特种设备安全技术规范中规定，监督检验收费应按照国家行政事业性收费标准执行。

2) 监督检验对象

监督检验对象是锅炉、压力容器、压力管道元件等特种设备制造过程和锅炉、压力容器、压力管道、电梯、起重机械、客运索道、大型游乐设施的安装、改造、重大修理过程。在电梯、起重机械和客运索道等特种设备投入使用前应按对应产品型式试验规则要求完成型式试验。

3) 承担监督检验的主体

承担监督检验的主体是由国家特种设备安全监督管理部门核准的检验机构。特种设备安装、改造与重大修理的监检由特种设备使用地的监检机构承担。锅炉、压力容器制造的监检一般由特种设备制造地的监检机构承担。现场制造（含分片出厂现场组装）压力容器的监检由压力容器使用地的监检机构承担。已在工厂内完成大部分制造过程，采用分段运输到使用地完成最终制造过程的压力容器（现场组焊、粘接）的监检，由压力容器原制造地的监检机构或者使用地的监检机构承担。

4) 监督检验的主要工作内容

① 对受检单位基本情况检查；

② 对设计文件、工艺文件核查；

③ 对特种设备制造、安装、改造、重大修理过程监督抽查。如材料、焊接工艺、焊工资格、力学性能、化学成分、无损检测、水压试验、载荷试验、出厂编号和监检钢印等重要项目。

5) 监督检验项目分类

特种设备制造、安装、改造、重大修理监督检验项目一般分为 A 类、B 类和 C 类。

A 类：对特种设备安全性能有重大影响的关键项目，检验人员确认符合要求后，受检单位方可继续施工；

B 类：对特种设备安全性能有较大影响的重点项目，检验人员应当对该项施工的结果进行现场检查确认；

C 类：对特种设备安全环保性能有影响的检验项目，检验人员应当对受检单位相关的自检报告、记录等资料核查确认，必要时进行现场监督、实物检查。

① 监检项目设为 C 或 B 类时，监检人员可以选择 C 类，当其他相关条款或者相关标准、设计文件规定需要现场检查时，监检人员应当选择 B 类。

② 监检过程发现制造、安装、改造、重大修理质量的共性问题，并且监检机构认为有必要时，可以根据实际工作情况对监检项目类别进行调整，调整后的类别应当高于原

类别。

6）监督检验方法

特种设备制造、安装、改造、重大修理监督检验一般采用资料审查、实物检查和现场监督等方法。

① 资料审查：监检人员对受检单位提供的受检资料进行审查，审查其内容是否符合安全技术规范以及相关标准的要求；

② 实物检查：监检人员对受检单位自检合格项目进行复查，验证其结果是否真实、正确，是否符合安全技术规范以及相关标准的要求；

③ 现场监督：监检人员到现场对制造、安装、改造、重大修理活动进行监督，监督制造、安装、改造、重大修理活动是否满足安全技术规范以及相关标准和质量保证体系文件的要求。

7）监督检验证书及报告

① 监督检验合格后，监检机构应当在规定的时间内出具监督检验证书。锅炉、压力容器等产品，还应当在铭牌上打制造监督检验钢印。

② A级高压以上电站锅炉安装、改造、重大修理监督检验，除出具监督检验证书外，还应当出具监督检验报告。

③ 压力管道监检证书还应当附压力管道数据表和压力管道监督检验报告。

④ 压力管道施工监检，监检人员可以在监检证书和监检报告出具前，先出具《特种设备监督检验意见通知书》，将监检初步结论书面通知建设单位和施工单位。

8）特种设备资料归档要求

特种设备安装、改造、修理竣工后，安装、改造、修理的施工单位应当在验收后30日内将相关技术资料和文件移交特种设备使用单位。高耗能特种设备还应当按照特种设备安全技术规范的要求提交能效测试报告。使用单位应当将其存入该特种设备的安全技术档案。特种设备的安装、改造、修理活动技术资料是说明其活动是否符合国家有关规定的证明材料，也涉及许多设备的安全性能参数，这些资料与设计、制造文件同等重要，必须及时移交使用单位。

5. 消防工程设施建设的规定

（1）城乡规划

1）做规划时应对消防安全布局、消防站、消防供水、消防通信、消防通道、消防装备等内容给以充分考虑，符合法律、法规、技术标准的规定。

2）如消防安全布局不符合消防安全要求的应当调整、改善；公共消防设施、消防装备不足或者不适应实际需要的应当整改，直至符合要求为止。

（2）工程设计

1）建设工程的消防设计必须符合国家工程建设消防技术标准。设计单位对消防设计的质量负责。

2）对按照国家工程建设消防技术标准需要进行消防设计的建设工程，实行建设工程消防设计审查验收制度。

3）国务院住房和城乡建设主管部门规定的特殊建设工程，建设单位应当将消防设计文件报送住房和城乡建设主管部门审查，住房和城乡建设主管部门依法对审查的结果负责。

4）特殊建设工程未经消防设计审查或者审查不合格的，建设单位、施工单位不得施工；其他建设工程，建设单位未提供满足施工需要的消防设计图纸及技术资料的，有关部门不得发放施工许可证或者批准开工报告。

（3）工程施工

1）建设工程的消防施工必须符合国家工程建设消防技术标准。施工单位依法对建设工程的消防施工质量负责。

2）消防工程施工用的产品（材料、设备）必须符合国家标准；没有国家标准的，必须符合行业标准。禁止使用不合格的消防产品以及国家明令淘汰的消防产品。并符合下列规定：

① 依法实行强制性产品认证的消防产品，应经具有法定资质的认证机构按照国家标准、行业标准的强制性要求认证合格。实行强制性产品认证的消防产品目录，由国务院产品质量监督部门会同国务院应急管理部门制定并公布。

② 新研制的尚未制定国家标准、行业标准的消防产品，应当按照国务院产品质量监督部门会同国务院应急管理部门规定的办法，经技术鉴定符合消防安全要求。经技术鉴定合格的消防产品，由国务院应急管理部门公布。

（4）消防验收

1）国务院住房和城乡建设主管部门规定应当申请消防验收的建设工程竣工，建设单位应当向住房和城乡建设主管部门申请消防验收。

2）其他建设工程的消防工程竣工验收后，建设单位应当报住房和城乡建设主管部门备案，住房和城乡建设主管部门应当进行抽查。

3）消防设计审查验收主管部门应当自受理消防验收申请之日起十五日内出具消防验收意见。

4）实行规划、土地、消防、人防、档案等事项联合验收的建设工程，消防验收意见由地方人民政府指定的部门统一出具。

5）依法应当进行消防验收的建设工程，未经消防验收或者消防验收不合格的，禁止投入使用；其他建设工程经依法抽查不合格的，应当停止使用。

6）消防设计审查验收主管部门应当及时将消防验收、备案和抽查情况告知消防救援机构，并与消防救援机构共享建筑平面图、消防设施平面布置图、消防设施系统图等资料。

（5）工程施工管理

1）从事建设工程消防施工人员，应当具备相应的专业技术能力，定期参加职业培训。

2）消防专业安装施工特殊工种必须经国家有关部门培训并经考核合格取得合格证的人员持证上岗，并严格遵守消防安全操作规程实施施工，如电工、电焊、气焊、设备吊装等国家规定的特殊工种。

3）消防专业施工机具设备及检测设备的配置，必须符合消防工程施工内容的需要。

4）按照建设工程法律法规、国家工程建设消防技术标准，以及经消防设计审查合格或者满足工程需要的消防设计文件组织施工，不得擅自改变消防设计进行施工，降低消防施工质量。

5）按照消防设计要求、施工技术标准和合同约定检验消防产品和具有防火性能要求的建筑材料、建筑构配件和设备的质量。消防产品进场时必须具备产品质保书、合格证及合格产品检验证明，并报现场监理审核合格后方可使用，保证消防施工质量。

6）消防工程的施工质量及验收标准必须符合现行消防法规及国家相关技术标准要求。

7）消防工程施工过程中，必须遵守总包项目部制定的消防安全制度及消防安全生产施工操作规程，严格动火证制度，应主动接受当地消防监督机构的监督检查。

8）消防工程竣工后，施工安装单位必须委托具备资格的建筑消防设施检测单位进行建筑消防设施检测，取得建筑消防设施技术测试报告。

9）消防安装工程施工单位在消防安装工程保修期内，应主动对运行中的消防设施进行质量回访，及时解决运行中出现的质量问题，对非属施工原因造成的质量问题，施工单位也应积极主动协助建设单位予以帮助解决，确保消防设施运行正常。

（二）建筑工程施工质量验收标准和规范

本节以《建筑工程施工质量验收统一标准》GB 50300—2013（本节简称为"本标准"）为主线，展开房屋建筑安装工程各专业的施工质量验收规范，做较具体而又简明的介绍，主要内容为强制性条文的规定、检测试验和试运行、交工验收的资料等方面，通过学习，可使质量员对工程质量的控制和工程验收有一个概略的认识。

1. 我国质量标准的分级

我国工程质量标准的分级：国家标准→行业标准→地方标准→企业标准。

（1）国家标准：是对需要在全国范围内统一的技术要求制定的标准，也是最低的质量标准要求。

（2）行业标准：是对没有国家标准而又需要在全国某个行业范围内统一的技术要求所制定的标准。

（3）地方标准：是对没有国家标准和行业标准而又需要在该地区范围内统一的技术要求所制定的标准。

（4）企业标准：是对企业范围内需要协调、统一的技术要求、管理事项和工作事项所制定的标准。

2. 建筑工程施工质量验收统一标准

（1）概述

本标准的编制是将有关建筑工程的施工及验收规范和其工程质量检验评定标准合并，组成新的工程质量验收规范体系，本标准是统一建筑工程质量的验收方法、程序和质量指标，因而要求：

1）本标准是建筑工程各专业工程施工质量验收规范编制的统一准则。

2）建筑工程各专业施工质量验收规范必须与本标准配合使用。

本标准仅限于建筑工程的施工质量验收，不适用于设计或使用中的质量问题。

(2) 建筑工程施工质量验收的划分

建筑工程施工质量验收应划分为单位工程、分部工程、分项工程和检验批的质量验收。

1) 单位工程

① 将具备独立施工条件，并能形成独立使用功能的建筑物及构筑物划分为一个单位工程。

② 建筑规模较大的单位工程，可将其能形成独立使用功能的部分划分为一个子单位工程。

③ 室外工程可根据专业类别和工程规模划分为单位（子单位）工程（见本标准附录C）。

2) 分部工程

① 分部工程的划分应按专业性质、工程部位确定。

② 当分部工程较大或较复杂时，可按材料种类、施工特点、施工程序、专业系统及类别等划分为若干子分部工程。

3) 分项工程

分项可按主要工种、材料、施工工艺、设备类别等进行划分。

4) 检验批

检验批可根据施工、质量控制和专业验收需要，按工程量、楼层、施工段、变形缝等进行划分。

(3) 建筑工程验收的规定

1) 建筑工程施工质量应按下列要求进行验收：

① 工程质量的验收均应在施工单位自检合格的基础上进行；

② 参加工程质量验收的各方人员应具备相应的资格；

③ 检验批的质量应按主控项目和一般项目验收；主控项目指建筑工程中对安全、节能、环境保护和主要使用功能起决定性作用的检验项目；一般项目指除主控以外的检验项目；

④ 对涉及安全、节能、环境保护和主要使用功能的试块、试件及材料，应在进场时或施工中按规定进行见证检验；

⑤ 隐蔽工程在隐蔽前应由施工单位通知监理单位进行验收，并应形成验收文件。验收合格后方可继续施工；

⑥ 对涉及安全、节能、环境保护和主要使用功能的重要分部工程，应在验收前按规定进行抽样检验；

⑦ 工程的观感质量应由验收人员现场检查，并应共同确认。

2) 工程质量控制资料应完整，当部分资料缺失时，应委托有资质的检测机构按有关标准进行相应的实体检验或抽样试验。

3) 当专业验收规范对工程中的验收项目未作出相应规定时，应由建设单位组织监理、设计、施工等相关单位制订专项验收要求。涉及安全、节能、环境保护等项目的专项验收要求应由建设单位组织专家论证。

(4) 检验批的抽样规定

1) 检验批的质量检验，应根据检验项目的特点在下列抽样方案中选择：

① 计量、计数或计量-计数的抽样方案；
② 一次、二次或多次抽样方案；
③ 对重要的检验项目，当有简易快速的检验方法时，选用全数检验方案；
④ 根据生产连续性和生产控制稳定性情况，采用调整型抽样方案；
⑤ 经实践证明有效的抽样方案。

2）检验批工程验收时，检验批抽样样本应随机抽取，满足分布均匀、具有代表性的要求，抽样数量应符合有关专业验收规范的规定。当采用计数抽样时，检验批最小抽样数量应符合表1-1的要求。

检验批最小抽样数量　　　　　　　　　　　表1-1

检验批的容量	最小抽样数量	检验批的容量	最小抽样数量
2～15	2	151～280	13
16～25	3	281～500	20
26～90	5	501～1200	32
91～150	8	1201～3200	50

3）明显不合格的个体可不纳入检验批，但必须进行处理，使其满足有关专业验收规范的规定，对处理的情况应予以记录并重新验收。

4）符合下列条件之一时，可按相关专业验收规范的规定适当调整抽样复验、试验数量，调整后的抽样复验、试验方案应由施工单位编制，并报监理单位审核确认。

① 同一项目中由相同施工单位施工的多个单位工程，使用同一生产厂家的同品种、同规格、同批次的材料、构配件、设备。

② 同一施工单位在现场加工的成品、半成品、构配件用于同一项目中的多个单位工程。

③ 在同一项目中，针对同一抽样对象已有检验成果可以重复利用。

（5）建筑工程质量验收合格规定

1）建筑工程施工质量验收合格的规定

① 符合工程勘察、设计文件的要求。

② 符合本标准和相关专业验收规范的规定。

2）检验批验收合格的规定

① 主控项目的质量经抽样检验均合格。

② 一般项目的质量经抽样检验均合格。当采用计数抽样时，合格点率符合有关专业验收规范的规定，且不得存在严重缺陷。

③ 具有完整的施工操作依据（操作依据是指施工工艺标准、规程等）。

3）分项工程验收合格的规定

① 所含的检验批的质量均应验收合格。

② 所含的检验批的质量验收记录应完整。

4）分部（子分部）工程验收合格的规定

① 所含分项工程的质量均应验收合格。

② 质量控制资料应完整。
③ 有关安全、节能、环境保护和主要使用功能的抽样检验结果应符合相应规定。
④ 观感质量应符合要求。

5) 单位（子单位）工程验收合格的规定
① 所含分部（子分部）工程的质量均应验收合格。
② 质量控制资料应完整。
③ 所含分部工程中有关安全、节能、环境保护和主要使用功能的检验资料应完整。
④ 主要使用功能的抽查结果应符合相关专业验收规范的规定。
⑤ 观感质量验收应符合要求。

6) 建筑工程施工质量不符合要求的处理规定
① 经返工或返修的检验批，应重新进行验收；
② 经有资质的检测机构检测鉴定能够达到设计要求的检验批，应予以验收；
③ 经有资质的检测机构检测鉴定达不到设计要求、但经原设计单位核算认可能够满足安全和使用功能的检验批，可予以验收；
④ 经返修或加固处理的分项、分部工程，满足安全及使用功能要求时，可按技术处理方案和协商文件的要求予以验收；
⑤ 经返修或加固处理仍不能满足安全或重要使用要求的分部工程及单位工程，严禁验收。

(6) 验收的组织
1) 检验批由专业监理工程师组织施工单位项目专业质量检查员、专业工长等进行验收。
2) 分项工程由专业监理工程师组织施工单位项目专业技术负责人等进行验收。
3) 分部工程由总监理工程师组织施工单位项目负责人和项目技术负责人等进行验收；勘察、设计单位项目负责人和施工单位技术、质量部门负责人应参加地基与基础分部工程的验收；设计单位项目负责人和施工单位技术、质量部门负责人应参加主体结构、节能分部工程的验收。
4) 单位工程由建设单位项目负责人组织施工、设计、监理、勘察等单位项目负责人进行验收。

(7) 验收的程序
1) 单位工程完工后，施工单位自行组织有关人员进行自检。单位工程中的分包工程完工后，分包单位对所承包的工程项目进行自检，并按规定的程序进行验收，总包单位应派人参加验收。分包单位将所分包工程的质量控制资料整理完整，并移交给总包单位。
2) 单位工程完工后，总监理工程师组织各专业监理工程师对工程质量进行竣工预验收。
3) 单位工程竣工预验收后，若存在施工质量问题，由施工单位整改。整改完毕后，由施工单位向建设单位提交工程竣工报告，申请工程竣工验收。
4) 建设单位收到工程验收报告后，由建设单位项目负责人组织监理、施工、设计、勘察等单位项目负责人进行单位工程验收。

3. 建筑给水、排水及采暖工程施工质量验收规范对质量验收的要求

（1）概述

1）现行的《建筑给水排水及采暖工程施工质量验收规范》GB 50242—2002 是目前建筑给水排水及采暖工程施工质量的验收依据，适用于给水、排水及采暖工程的施工与验收。本节主要从强制性条文的角度提出相关质量验收要求。随着全文强制性建设标准的出台，现行相关工程建设国家标准、行业标准中的强制性条文已同时废止，《建筑给水排水及采暖工程施工质量验收规范》GB 50242—2002 中的给水排水的强制性条文已被全文强制性建设标准《建筑给水排水与节水通用规范》GB 55020—2021 所覆盖，强制性条文的验收应符合《建筑工程施工质量验收统一标准》GB 50300—2013 的规定。

2）根据《建筑给水排水与节水通用规范》GB 55020—2021，涉及给水、排水及相关节水工程施工的强制性条文有 33 条；《建筑给水排水及采暖工程施工质量验收规范》GB 50242—2002，涉及消防、采暖、供热管网与设备工程施工的强制性条文有 13 条。

（2）强制性条文的主要内容

1）《建筑给水排水与节水通用规范》GB 55020—2021 涉及条文

① 第 2.0.3 条　建筑给水排水与节水工程选用的材料、产品与设备必须质量合格，涉及生活给水的材料与设备还必须满足卫生安全的要求。

为确保建筑给水排水与节水工程选用的材料、产品和设备能够执行的质量和卫生许可的原则。

② 第 2.0.4 条　建筑给水排水与节水工程选用的工艺、设备、器具和产品应为节水和节能型。

建筑给水排水与节水工程建设时就应选取节水和节能型工艺、设备、器具和产品的要求。即建筑给水排水工程的用水过程，所采用的工艺、设备、器具和产品都应该具有节水和节能的功能，以保证系统运行过程中发挥节水和节能的效益。

③ 第 2.0.5 条　建筑给水排水与节水工程中有关生产安全、环境保护和节水设施的建设，应与主体工程同时设计、同时施工、同时投入使用。

建筑给水排水与节水系统建设的有关"三同时"的建设原则，确保发挥工程的节水功能。

④ 第 2.0.9 条　对处于公共场所的给水排水管道、设备和构筑物应采取不影响公众安全的防护措施。

为确保建筑给水排水与节水设施建设和运行过程中必须保障相关安全的要求。

⑤ 第 2.0.10 条　设备与管道应方便安装、调试、检修和维护。

建筑给水排水与节水设施施工时应考虑设备测试和维护方便，并为安装、检修和维护提供操作空间。

⑥ 第 2.0.11 条　管道、设备和构筑物应根据其储存或传输介质的腐蚀性质及环境条件，确定应采取的防腐蚀及防冻措施。

根据储存或传输介质及环境条件，选择合理管道、设备和构筑物，确保管道、设备和构筑物的使用安全。

⑦ 第 2.0.12 条　湿陷性黄土地区布置在防护距离范围内的地下给水排水管道，应按

湿陷性黄土地区采取相应的防护措施。

保证各级湿陷性黄土地基上给水排水管道应采取不同的防水措施，确保管道使用安全。

⑧ 第2.0.13条　室外检查井井盖应有防盗、防坠落措施，检查井、阀门井井盖上应具有属性标识，位于车行道的检查井、阀门井，应采用具有足够承载力和稳定性良好的井盖与井座。

为避免在检查井井盖损坏或缺失时发生行人不慎跌落造成伤亡事故，确定检查井井盖选用的原则。

⑨ 第2.0.14条　穿越人民防空地下室围护结构的给水排水管道应采取防护密闭措施。

为了保证防空地下室的人防围护结构整体强度及其密闭性，对穿过人防围护结构的给水管道密闭措施作出规定。

⑩ 第2.0.15条　生活热水、游泳池和公共热水按摩池的原水水质应符合现行国家《生活饮用水卫生标准》GB 5749的有关规定。

从对人民群众的健康和生命安全负责出发，保证给水的水质，对生活使用的水质进行规定。

⑪ 第8.1.1条　建筑给水排水与节水工程与相关工种、工序之间应进行工序交接，并形成记录。

为保证工程整体质量，应控制每道工序的质量。相关专业工序之间应进行交接检验，使各工序之间和各相关专业工程之间形成有机的整体且形成记录。

⑫ 第8.1.2条　建筑给水排水节水工程所使用的主要材料和设备应具有中文质量证明文件、性能检测报告，进场时应做检查验收。

采用中文质量证明文件，符合国家现行市场管理体制。为确保工程质量，在主材和设备进场时进行检查验收，从源头上控制的工程质量。

⑬ 第8.1.3条　生活饮用水系统的涉水产品应满足卫生安全的要求。

从对人民群众的健康和生命安全负责出发，保证饮用水水质安全，对涉水产品卫生安全进行规定。

⑭ 第8.1.4条　用水器具和设备应满足节水产品的要求。

选用用水器具和设备等产品时应考虑其节水性能，无论产品的档次高低，均要满足产品节水的标准要求。

⑮ 第8.1.5条　设备和器具在施工现场运输、保管和施工过程中，应采取防止损坏的措施。

为了施工单位重视设备和器具运输、保管及施工过程，加强设备和器具保护，防止设备和器具损坏和腐蚀，减少资源浪费。

⑯ 第8.1.6条　隐蔽工程在隐蔽前应经各方验收合格并形成记录。

这是为了确保使用功能的规定，并防止因返修而造成较大的损失。

⑰ 第8.1.7条　阀门安装前，应检查阀门的每批抽样强度和严密性试验报告。

为保证工程中使用阀门的可靠性，减少可能因阀门质量问题造成返工或损失。

⑱ 第8.1.8条　地下室或地下构筑物外墙有管道穿过时，应采取防水措施。对有严

格防水要求的建筑物，应采用柔性防水套管。

为了保证地下室的使用安全，防止漏水发生严重损害，故作此规定。

⑲ 第8.1.9条　给水、排水、中水、雨水回用及海水利用管道应有不同的标识，并应符合下列规定：

1　给水管道应为蓝色环；

2　热水供水管道应为黄色环、热水回水管道应为棕色环；

3　中水管道、雨水回用和海水利用管道应为淡绿色环；

4　排水管道应为黄棕色环。

为了方便建筑运行和维护管理，防止不同水质之间的错用或误用，造成健康或安全问题，对建筑内输送不同水质的管道标识进行统一规定。

⑳ 第8.2.1条　给水排水设施应与建筑主体结构或其基础、支架牢靠固定。

强调给排水设施与建筑主体结构或其基础牢固连接，满足安全的要求。

㉑ 第8.2.2条　重力排水管道的敷设坡度必须符合设计要求，严禁无坡或倒坡。

是关系到排水管道使用功能的关键。

㉒ 第8.2.3条　管道安装时管道内外和接口处应清洁无污物，安装过程中应严防施工碎屑落入管中，管道接口不得设置在套管内，施工中断和结束后应对敞口部位采取临时封堵措施。

为了保障管道安装的质量要求。

㉓ 第8.2.4条　建筑中水、雨水回用、海水利用管道严禁与生活饮用水管道系统连接。

确保各类输送不同水质的管道不出现误接，保证人民群众的健康和生命安全。

㉔ 第8.2.5条　地下构筑物（罐）的室外人孔应采取防止人员坠落的措施。

保证人员安全的措施。

㉕ 第8.2.6条　水处理构筑物的施工作业面上应设置安全防护栏杆。

为保证工程运行维护过程的安全。

㉖ 第8.2.7条　施工完毕后的贮水调蓄、水处理等构筑物必须进行满水试验，静置24h观察，应不渗不漏。

为保证贮水调蓄、水处理等构筑物的施工质量。

㉗ 第8.3.1条　给水排水与节水工程调试应在系统施工完成后进行，并应符合下列规定：

1　水池（箱）应按设计要求储存水量；

2　系统供电正常；

3　阀门启闭应灵活；

4　管道系统工作应正常。

系统调试是给水排水工程投入运行的前提，调试中可以发现系统是否适应专业设计、使用要求以及检验系统安装中是否存在问题，以便工程及时进行整改。

㉘ 第8.3.2条　给水管道应经水压试验合格后方可投入运行。水压试验应包括水压强度试验和严密性试验。

水压试验是验证管道系统安装质量情况最为方便、实用、有效判断方式，也是为了确

㉙ 第8.3.3条　污水管道及湿陷土、膨胀土、流砂地区等的雨水管道，必须经严密性试验合格后方可投入运行。

为了确保污水、雨水管道系统的使用功能，防止因地基不稳定，管道漏水会造成沉陷及挠曲等排水事故，故提出此要求。

㉚ 第8.3.4条　建筑中水、雨水回用、海水利用等非传统水源管道验收时，应逐段检查是否与生活饮用水管道混接。

确保利用不同水源的管道不与生活饮用水管道误接，保证生活饮用水源的安全。

㉛ 第8.3.5条　经返修或加固处理仍不能满足安全或使用要求的分部工程及单位工程，严禁验收。

分部工程及单位工程经返修或加固处理仍不能满足安全或重要的使用功能时，表明工程质量存在严重的缺陷。重要的使用功能不满足要求时，将导致建筑物无法正常使用，安全不满足要求时，将危及人身健康或财产安全，严重时会给社会带来巨大的安全隐患，因此对这类工程严禁通过验收的规定。

㉜ 第8.3.6条　预制直埋保温管接头安装完成后，必须全部进行气密性检验。

为了保障管道安装的质量要求，可及时发现问题并整改，也是保证管道系统的安全运行。

㉝ 第8.3.7条　生活给水、热水系统及游泳池循环给水系统的管道和设备在交付使用前必须冲洗和消毒，生活饮用水系统的水质应进行见证取样检验，水质应符合现行国家标准《生活饮用水卫生标准》GB 5749的规定。

为保证人民群众健康和用水安全。

2)《建筑给水排水及采暖工程施工质量验收规范》GB 50242—2002，涉及条文如下：

① 第4.3.1条　室内消火栓安装完成后应取屋顶层（或水箱间内）试验消火栓和首层取二处消火栓做试射试验，达到设计要求为合格。

选取有代表性的三处做试射试验，以鉴别消火栓系统的消防功能是否达到预期功能，以确保建筑物的使用安全。

② 第8.2.1条　管道安装坡度，当设计未注明时，应符合下列规定：

A　汽、水同向流动的热水采暖管道和汽、水同向流动的蒸汽管道及凝结水管道坡度应为3‰，不得小于2‰；

B　汽、水逆向流动热水采暖管道和汽、水逆向流动的蒸汽管道，坡度不应小于5‰；

C　散热器支管的坡度应为1％，坡向应有利于排气和泄水。

这是为使凝结水顺利排除，不致使采暖工程发生阻滞现象而失去正常使用功能所作的规定。

③ 第8.3.1条　散热器组对后，以及整组出厂的散热器在安装之前应作水压试验，试验压力如设计无要求时应为工作压力的1.5倍，但不少于0.6MPa。

这是为确保使用安全而作的规定。

④ 第8.5.1条　地面下敷设的盘管埋地部分不应有接头。

这是为确保使用功能，避免因修理造成较大损失而作的规定。

⑤ 第8.5.2条　盘管隐蔽前必须进行水压试验，试验压力为工作压力的1.5倍，但

不小于 0.6MPa。

这是为确保使用功能和使用安全对低温热水地板辐射采暖系统工程所作的规定。

⑥ 第 8.6.1 条 采暖系统安装完毕，管道保温之前应进行水压试验。试验压力应符合设计要求。当设计未注明时，应符合下列规定：

A 蒸汽、热水采暖系统，应以顶点工作压力加 0.1MPa 作水压试验，同时在系统顶点试验压力不小于 0.3MPa。

B 高温热水采暖系统，试验压力应为系统顶点工作压力加 0.4MPa。

C 使用塑料管及复合管的热水采暖系统，应以系统顶点工作压力加 0.2MPa 作水压试验，同时系统顶点的试验压力不小于 0.4MPa。

a. 检验方法：使用钢管及复合管的采暖系统应压试验压力下 10min 内压力降不大于 0.02MPa，降至工作压力后检查，不渗漏为合格。

b. 使用塑料管的采暖系统应在试验压力下 1h 内压力降不大于 0.05MPa，然后降压至工作压力的 1.15 倍，稳压 2h，压力降不大于 0.03MPa，同时各连接处不渗漏为合格。

这是为确保使用功能和使用安全而作的规定。

⑦ 第 8.6.3 条 系统冲洗完毕应充水，进行试运行和调试。

这是为最终检验系统的功能是否符合设计的预期要求而作的规定。

⑧ 第 11.3.3 条 管道冲洗完毕应通水、加热，进行试运行和调试。当不具备加热条件时，应延期进行。

这是为最终检验室外供热管网的功能是否符合设计预期要求而作的规定。

⑨ 第 13.2.6 条 锅炉（供热锅炉）汽水系统安装完毕后，必须进行水压试验。水压试验的压力应符合表 13.2.6 的规定。

水压试验压力规定　　　　　　　　　　表 13.2.6

项次	设备名称	工作压力 P（MPa）	试验压力（MPa）
1	锅炉本体	$P<0.59$	$1.5P$ 但不小于 0.2
		$0.59 \leqslant P \leqslant 1.18$	$P+0.3$
		$P>1.18$	$1.25P$
2	可分式省煤器	P	$1.25P+0.5$
3	非承压锅炉	大气压力	0.2

注：1. 工作压力 P 对蒸汽锅炉指锅筒工作压力，对热水锅炉指锅炉额定出水压力。
　　2. 铸铁锅炉水压试验同热水锅炉。
　　3. 非承压锅炉水压试验压力为 0.2MPa，试验期间压力应保持不变。

检验方法：

A 在试验压力下 10min 内压力降不超过 0.02MPa；然后，降至工作压力进行检查，压力不降、不渗、不漏；

B 观察检查，不得有残余变形，受压元件金属壁和焊缝上不得有水珠和水雾。

供热锅炉水压试验目的是确保锅炉安全运行，防止发生运行中的事故。

⑩ 第 13.4.1 条 锅炉和省煤器安全阀的定压和调整应符合表 13.4.1 的规定。锅炉上装有两个安全阀时，其中一个按表中较高值定压，另一个按较低值定压。装有一个安全阀时，应按较低值定压。

安全阀定压规定　　　　　　　　　表 13.4.1

项次	工作设备	安全阀开启压力（MPa）
1	蒸汽锅炉	工作压力+0.02MPa
		工作压力+0.04MPa
2	热水锅炉	1.12 倍工作压力，但不少于工作压力+0.07MPa
		1.14 倍工作压力，但不少于工作压力+0.10MPa
3	省煤器	1.1 倍工作压力

这是为锅炉安全运行作出的规定。

⑪ 第 13.4.4 条　锅炉的高低水位报警器和超温、超压报警器及联锁保护装置必须按设计要求安装齐全和有效。

可以做到锅炉运行异常及时报警，并起到联锁保护作用，使锅炉运行处于有效监督下，以保证运行安全。

⑫ 第 13.5.3 条　锅炉在烘炉、煮炉合格后，应进行 48h 的带负荷连续试运行，同时应进行安全阀的热状态定压检验和调整。

这是对设备制造、工程设计、施工质量进行全面综合检验的重要手段。

⑬ 第 13.6.1 条　热交换器应以最大工作压力的 1.5 倍作水压试验，蒸汽部分应不低于蒸汽供汽压力加 0.3MPa；热水部分应不低于 0.4MPa。

这是为确保热交换器运行安全而作的规定。

（3）检测、试验和试运行

1）应检测的主要部位（以主控项目为主）。

① 管道穿过结构伸缩缝、防震缝及沉降缝时，根据情况采取保护措施：

A. 在墙体两侧采取柔性连接；

B. 在管道或保温外皮上、下留有不小于 150mm 的净空；

C. 在穿墙处做成方形补偿器并水平安装。

② 管道滑动支架，滑托与滑槽两侧间应留有 3~5mm 的间隙。

③ 弯制钢管，其弯曲半径应符合以下规定：

A. 热弯：不小于管道外径的 3.5 倍。

B. 冷弯：不小于管道外径的 4 倍。

C. 焊接弯头：不小于管道外径的 1.5 倍。

D. 冲压弯头：不小于管道外径。

④ 承插管道用水泥捻口应密实，接口面凹入承口边缘深度不得大于 2mm。

⑤ 消火栓的栓口中心距地面 1.1m。

⑥ 生活污水铸铁管的坡度如表 1-2 所示。

生活污水铸铁管的坡度　　　　　　　　　表 1-2

项次	管径（mm）	标准坡度（‰）	最小坡度（‰）
1	50	35	25
2	75	25	15
3	100	20	12

项次	管径（mm）	标准坡度（‰）	最小坡度（‰）
4	125	15	10
5	150	10	7
6	200	8	5

⑦ 生活污水塑料管的坡度如表1-3所示。

生活污水塑料管的坡度　　　　　　　　　　　　表1-3

项次	管径（mm）	标准坡度（‰）	最小坡度（‰）
1	50	25	12
2	75	15	8
3	100	12	6
4	125	10	5
5	160	7	4

⑧ 排水塑料管的伸缩节间距如设计未作规定，应为4m。

⑨ 悬吊式雨水管道的敷设坡度不得小于5‰，埋地雨水排水管道的最小坡度如表1-4所示。

埋地雨水排水管道的最小坡度　　　　　　　　　表1-4

项次	管径（mm）	最小坡度（‰）
1	50	25
2	75	15
3	100	8
4	125	6
5	150	5
6	200～400	4

⑩ 地漏水封高度不小于50mm。

⑪ 采暖用水平辐射板应有不小于5‰的坡度坡向回水管。低温热水地板辐射采暖系统的加热盘管管径、间距和长度应符合设计要求，间距偏差不大于±10mm。

⑫ 室外给水管在无冰冻地区敷设时，管顶覆土不小于500mm，穿越道路处管顶覆土不小于700mm。

⑬ 室外给水系统各井室内管道安装，井壁距法兰或承口的距离，管径小于或等于450mm时，不小于250mm；管径大于450mm时，不小于350mm。

⑭ 设在通车路面下或小区道路下的各种井室，其井盖应与路面相平，允许偏差为±5mm，不通车的地方，井盖应高出地坪50mm，并四周有水泥护坡，坡度为2%。

⑮ 重型铸铁或混凝土井圈，与井室砖墙间应有80mm厚的细石混凝土垫层。

⑯ 游泳池的过滤筒（网）的孔径不大于3mm，其面积应为连接管截面面积的1.5～2倍。

⑰ 锅炉风机试运转，滑动轴承的温度不大于60℃，滚动轴承的温度不大于80℃。

⑱ 轴承在试运转时径向单振幅为：

A. 风机转速小于1000r/min，小于0.1mm。

B. 风机转速为 1000～1450r/min，小于 0.08mm。

⑲ 锅炉房的地下直埋油罐埋地前气密性试验的压力降不小于 0.03MPa。

⑳ 锅炉及辅助设备的主要操作通道不小于 1.5m，辅助操作通道不小于 0.8m。

㉑ 锅炉及附件的压力表刻度极限值应大于或等于工作压力的 1.5 倍，表盘直径不小于 100mm。

㉒ 水位表的玻璃板（管）最低可见边缘应比最低水位低 25mm，最高可见边缘应比最高水位高 25mm。

㉓ 锅炉火焰烘炉时间一般不少于 4d，后期烟温不应高于 160℃，且持续时间不少于 24h，烘炉结束，炉墙砌筑砂浆的含水率达到 7% 以下。

2) 应试验的项目。

① 承压管道系统和设备应做水压试验，非承压管道系统和设备应做灌水试验。

② 排水立管及水平干管应做通球试验。

③ 室内消火栓系统应做试射试验。

④ 阀门安装前，在同牌号、同型号或同规格中抽 10%（且不少于一个）做强度和严密性试验。对于安装在主干管上起切断作用的闭路阀门，应逐个做强度和严密性试验。

⑤ 给水系统的通水试验，卫生器具的满水和通水试验。

3) 应单机试运转项目为各类泵和风机。

4) 应系统试运行及调试的项目为室内采暖系统、室外供热管网和供热锅炉及其附属设备。

（4）交工验收用的质量资料

1) 质量控制资料

① 图纸会审、设计变更、洽商记录。

② 材料配件出厂合格证书及进场检（试）验报告。

③ 管道、设备强度试验、严密性试验记录。

④ 隐蔽工程验收表（记录）。

⑤ 系统清洗、灌水、通水、通球试验记录。

⑥ 施工记录。

⑦ 分项、分部工程质量验收记录。

⑧ 新技术论证、备案及施工记录。

2) 工程安全和功能检验及主要功能抽查记录

① 给水管道通水试验记录。

② 暖气管道、散热器压力试验记录。

③ 卫生器具满水试验记录。

④ 消防管道、燃气管道压力试验记录。

⑤ 消火栓试射记录。

⑥ 排水干管通球试验记录。

⑦ 锅炉试运行、安全阀及报警联动测试记录。

3) 观感质量检查记录

检查部位包括：

① 管道接口、坡度、支架。
② 卫生器具、支架、阀门。
③ 检查口、扫除口、地漏。
④ 散热器、支架。

4. 建筑电气工程施工质量验收规范对质量验收的要求

（1）概述

1）现行的《建筑电气工程施工质量验收规范》GB 50303－2015 是目前建筑电气工程施工质量的验收依据，适用于电压等级为 35kV 及以下建筑电气安装工程的施工与验收。本节主要从强制性条文的角度提出相关质量验收要求。随着全文强制性建设标准的出台，现行相关工程建设国家标准、行业标准中的强制性条文已同时废止，《建筑电气工程施工质量验收规范》GB 50303－2015 中的相关强制性条文已被全文强制性条文《建筑电气与智能化通用规范》GB 55024—2022 所覆盖，强制性条文的验收应符合《建筑工程施工质量验收统一标准》GB 50300—2013 的规定。

2）根据《建筑电气与智能化通用规范》GB 55024—2022，涉及电气施工的有 51 条、电气施工验收的有 7 条。

（2）电气施工强制性条文内容及相关说明

1）第 2.0.3 条 建筑物电气设备用房和智能化设备用房应符合下列规定：

① 不应设在卫生间、浴室等经常积水场所的直接下一层，当与其贴邻时，应采取防水措施；

② 地面或门槛应高出本层楼地面，其标高差值不应小于 0.10m，设在地下层时不应小于 0.15m；

③ 无关的管道和线路不得穿越；

④ 电气设备的正上方不应设置水管道；

⑤ 变电所、柴油发电机房、智能化系统机房不应有变形缝穿越；

⑥ 楼地面应满足电气设备和智能化设备荷载的要求。

本条强制性条文涉及施工的主要是第③、④款，施工单位进行图纸深化设计或现场施工时应引起高度重视，不可越规。现场验收时可按条文内容目视检查。

2）第 2.0.5 条 母线槽、电缆桥架和导管穿越建筑物变形缝处时，应设置补偿装置。

变形缝包括建筑沉降缝、伸缩缝、防震缝，为保证电气线路的正常供电要求设置补偿装置，补偿装置的选用应符合补偿要求。

3）第 8.1.1 条 对预充氮气的气体绝缘组合电气设备（GIS）箱体，其组件安装前应经过排氮处理，并应对箱体内充干燥空气至氧气含量达到 18％以上时，安装人员方可进入 GIS 箱体内部进行检查或安装。

本条是对经预充氮气运至现场进行组装的 GIS 设备提出的特殊要求，组装前应先行排氮，排氮完成后采用仪器对氧气含量进行测量，达到要求后方可进行组装。

4）第 8.1.2 条 六氟化硫断路器或 GIS 投运前应进行检查，并应符合下列规定：

① 断路器、隔离开关、接地开关及其操动机构的联动应正常，分、合闸指示应正确，辅助开关动作应准确；

② 密度继电器的报警、闭锁值应正确，电气回路传动应准确；
③ 六氟化硫气体压力、泄漏率和含水量应符合使用说明书的要求。

投运前需要做的这些检查也是在高压设备调试前或调试时同时进行的。

5) 第8.1.3条　真空断路器和高压开关柜投运前应进行检查，并应符合下列规定：
① 真空断路器与操作机构联动应正常，分、合闸指示应正确，辅助开关动作应准确；
② 高压开关柜应具备防止电气误操作的防护功能。

本条也是投运前需要做的检查，也是在高压设备调试前或调试时同时进行的。

6) 第8.2.1条　充干燥气体运输的变压器油箱内的气体压力应保持在0.01～0.03MPa；干燥气体露点必须低于－40℃；每台变压器必须配有可以随时补气的纯净、干燥气体瓶，始终保持变压器内为正压力，并设有压力表进行监视。

大型油浸变压器运输是通过装设在变压器上的压力表来监视油箱内气体的压力，当油箱内气压下降时及时补充气体。

7) 第8.2.2条　充氮的变压器需吊罩检查时，器身必须在空气中暴露15min以上，待氮气充分扩散后进行。

当变压器需要做吊芯检查前应将器身暴露在空气中，使氮气充分散发，以不影响作业人员的人身安全。

8) 第8.2.3条　油浸变压器在装卸和运输过程中，不应有严重冲击和振动。当出现异常情况时，应进行现场器身检查或返厂进行检查和处理。

油浸变压器运输至现场，应由建设、监理、施工、运输和制造厂等单位代表共同进行验收，如发现运输过程有冲击和振动异常时，应共同进行原因分析，明确相关责任并出具正式报告，同时确定内部检查方案。

9) 第8.2.4条　油浸变压器进行器身检查时必须符合以下规定：
① 凡雨、雪天，风力达4级以上，相对湿度75%以上的天气，不得进行器身检查；
② 在没有排氮前，任何人员不得进入油箱；当油箱内的含氧量达到18%以上时，人员方可进入；
③ 在内检过程中，必须向箱体内持续补充露点低于－40℃的干燥空气，应保持含氧量不低于18%，相对湿度不大于20%。

油浸变压器进行器身检查前应对天气条件进行观察，不满足条件时不应进行。干燥空气的补充速率是由产品技术文件规定的，操作时应符合产品技术文件要求。

10) 第8.2.5条　绝缘油必须试验合格后，方可注入变压器内。不同牌号的绝缘油或同牌号的新油与运行过的油混合使用前，必须做混油试验。

当运行油质已有一项或数项指标不合格，不允许利用混油手段来提高运行油质量。混油应满足相关规定。

11) 第8.2.6条　油浸变压器试运行前应进行全面检查，确认符合运行条件时，方可投入试运行，并应符合下列规定：
① 事故排油设施应完好，消防设施应齐全；
② 铁芯和夹件的接地引出套管、套管的末屏接地、套管顶部结构的接触及密封应完好。

油浸变压器投入试运行前应按全面检查：铁芯和夹件的接地引出套管、套管的末屏接地、套管顶部结构的接触及密封应完好，以符合产品技术文件要求为标准进行评判。

12）第8.2.7条 中性点接地的变压器，在进行冲击合闸前，中性点必须接地并应检查合格。

对中性点接地的变压器，应在冲击合闸前，进行目视或手动检查中性点接地的可靠性。

13）第8.2.8条 互感器的接地应符合下列规定：

① 分级绝缘的电压互感器，其一次绕组的接地引出端子应接地可靠；电容式电压互感器的接地应合格；

② 互感器的外壳应接地可靠；

③ 电流互感器的备用二次绕组端子应先短路后接地；

④ 倒装式电流互感器二次绕组的金属导管应接地可靠。

必须注意的是对电容式电压互感器，电容式电压互感器的接地要求与产品有关，其合格与否的判定也应以产品技术文件为依据。

14）第8.3.1条 柴油发电机馈电线路连接后，相序应与原供电系统的相序一致。

为确保供电安全，线路连接后应采用相序表进行核相检查。

15）第8.4.1条 配电箱（柜）的机械闭锁、电气闭锁应动作准确、可靠。

检查时应断开一次回路，进行二次回路试验检查。

16）第8.4.2条 变电所低压配电柜的保护接地导体与接地干线应采用螺栓连接，防松零件应齐全。

为防止螺栓松动造成接触电阻过大而引发电气事故，可通过目视进行检查。

17）第8.4.3条 配电箱（柜）安装应符合下列规定：

① 室外落地式配电箱（柜）应安装在高出地坪不小于200mm的底座上，底座周围应采取封闭措施。

室外安装的落地式配电柜为防积水入侵，底座周围应采取封闭，可通过目视进行检查。

② 配电箱（柜）不应设置在水管接头的下方。

检查时，如发现设计采用IP55及以上防护等级的配电箱（柜）且配电箱（柜）顶部无进出线缆时，经判断对电气配电设备的运行不可能造成安全隐患时，可不作此要求。

18）第8.4.4条 当配电箱（柜）内设有中性导体（N）和保护接地导体（PE）母排或端子板时，符合下列规定：

① N母排或N端子板必须与金属电器安装板做绝缘隔离，PE母排或PE端子板必须与金属电器安装板做电气连接；

② PE线必须通过PE母排或PE端子板连接；

③ 不同回路的N线或PE线不应连接在母排同一孔上或端子上。

需要说明的是第②款和第③款，第②款是为保证PE线的连接可靠，第③款是从检修的角度提出的要求，可采取目视检查方法。

19）第8.4.5条 电气设备安装应牢固可靠，且锁紧零件齐全。落地安装的电气设备应安装在基础上或支座上。

本条是从设备安装牢固的角度提出的要求，可通过目视检查判定。

20) 第 8.5.1 条　用电设备安装在室外或潮湿场所时，其接线口或接线盒应采取防水、防潮措施。

为防止雨水或潮湿场所引起电气短路或绝缘损坏而造成事故，施工中应采取措施，现场可通过目视检查进行判定。

21) 第 8.5.2 条　电动机接线应符合下列规定：

① 电动机接线盒内各线缆之间均应有电气间隙，并采取绝缘防护措施；

② 电动机电源线与接线端子紧固时不应损伤电动机引出线套管。

检查时应打开电动机接线盒进行目视检查或测量检查。

22) 第 8.5.3 条　灯具的安装应符合下列规定：

① 灯具的固定应牢固、可靠，在砌体和混凝土结构上严禁使用木楔、尼龙塞和塑料塞固定。

尼龙塞和塑料塞不包括塑料膨胀管。本条应在施工过程中进行控制并检查。

② Ⅰ类灯具的外露可导电部分必须与保护接地导体可靠连接，连接处应设置接地标识。

连接处设置接地标识是为方便施工接线和检查。可采取目视检查判定。

③ 接线盒引至嵌入式灯具或槽灯的电线应采用金属柔性导管保护，不得裸露；柔性导管与灯具壳体应采用专用接头连接。

可采取目视检查判定。

④ 从接线盒引至灯具的电线截面面积应与灯具要求相匹配且不应小于 $1mm^2$。

这段线是指配电回路的灯具接线盒引向灯具的这一段线路，可采取目视或测量检查。

⑤ 埋地灯具、水下灯具及室外灯具的接线盒，其防护等级应与灯具的防护等级相同，且盒内导线接头应做防水绝缘处理。

施工中应从材料选用及施工全过程进行控制和检查，以确保灯具运行安全。

⑥ 安装在人员密集场所的灯具玻璃罩，应有防止其向下溅落的措施。

灯具选型时设计已有所考虑，施工前应对灯具的防护措施进行检查并确认。

⑦ 在人行道等人员来往密集场所安装的落地式景观照明灯，当采用表面温度大于 60℃ 的灯具且无围栏防护时，灯具距地面高度应大于 2.5m，灯具的金属构架及金属保护管应分别与保护导体采用焊接或螺栓连接，连接处应设置接地标识。

对采用 LED 等节能型灯具时，其表面温度不高且不至于灼伤行人时，其安装高度可不受本条限制。当选用镀锌金属构架及镀锌金属保护管与保护导体连接时应当采用螺栓连接。可采取目视方式进行检查。

⑧ 灯具表面及其附件的高温部位靠近可燃物时，应采取隔热、散热防火保护措施。

为避免发生火灾或灼伤等安全事故，应在施工过程中随工序进度检查。

23) 第 8.5.4 条　标志灯安装在疏散走道或通道的地面上时，应符合下列规定：

① 标志灯管线的连接处应密封；

② 标志灯表面应与地面平顺，且不应高于地面 3mm。

管线密封和疏散标志灯的安装位置应在施工过程中随工序进度检查，疏散标志灯安装的水平度可在工程完工后进行测量检查。

24) 第 8.5.5 条　电源插座及开关安装应符合下列规定：

① 电源插座接线应正确；
② 同一场所的三相电源插座，其接线的相序应一致；
③ 保护接地导体（PE）在电源插座之间不应串联连接；
④ 相线与中性导体（N）不得利用电源插座本身的接线端子转接供电；
⑤ 暗装的电源插座面板或开关面板在紧贴墙面或装饰面，导线不得裸露在装饰层内。

对接线的正确性可采用插座检验器或打开面板目视检查；三相电源插座的接线相序可采用相序表或同相电压测量检查。

25）第8.7.1条　电缆桥架本体之间的连接应牢固、可靠，金属电缆桥架与保护导体的连接应符合下列规定：

① 电缆桥架全长不大于30m时，不应少于2处与保护导体可靠连接；全长大于30m时，每隔20～30m应增加一个连接点，起始端和终点端均应可靠接地；
② 非镀锌电缆桥架本体之间连接板的两端应跨接保护联结导体，保护联结导体的截面面积应符合设计要求；
③ 镀锌电缆桥架本体之间不跨接保护联结导体时，连接板每端不应少于2个有防松螺帽或防松垫圈的连接固定螺栓。

非镀锌电缆桥架是指钢板制成涂以油漆或其他涂层防腐的电缆桥架，跨接保护联结导体在连接时应将桥架表面的油漆刮掉，也可采用爪形垫片锁紧连接。可在工程施工过程中随工序进度检查或工程交工前目视检查。

26）第8.7.2条　室外的电缆桥架进入室内或配电箱（柜）时应有防雨水进入的措施，电缆槽盒底部应有泄水孔。

为防止雨水侵入造成事故，室外桥架进入室内或配电箱（柜）时应有防雨水措施，应在施工过程中随工序进度目视检查。

27）第8.7.3条　母线槽的金属外壳等外露可导电部分应与保护导体可靠连接，并应符合下列规定：

① 每段母线槽的金属外壳间应连接可靠，母线全长应有不少于2处与保护导体可靠连接；
② 母线槽的金属外壳末端应与保护导体可靠连接；
③ 连接导体的材质、截面面积应符合设计要求。

母线槽外露可导电部分均应与保护导体可靠连接，是指与保护导体干线直接连接且应采用螺栓锁紧紧固。母线槽安装完成后可目视检查。

28）第8.7.4条　当母线与母线、母线与电器或设备接线端子采用多个螺栓搭接时，各螺栓的受力应均匀，不应使电器或设备的接线端子受额外的应力。

这是对一个母线接头采用多个螺栓连接时提出的要求，施工时应采用扭力扳手进行检查。

29）第8.7.5条　导管暗敷应符合下列规定：

① 暗敷于建筑物、构筑物内的导管，不应在截面长边小于500mm的承重墙体内剔槽埋设。

对采用随墙体结构施工而预埋小口径管道的施工工艺并未进行限制。施工过程中应随工序进度检查。

② 钢导管不得采用对口熔焊连接；镀锌钢导管或壁厚小于或等于 2mm 的钢导管，不得采用套管熔焊连接。

本条可在施工过程中随工序进度检查。

③ 敷设于室外的导管管口不应敞口向上，导管管口应在盒、箱内或导管端部设置防水弯。

为防雨雪天气管口进水导致导管内电线绝缘损坏，现场可通过目视检查进行判定。

④ 严禁将柔性导管直埋于墙体内或楼（地）面内。

柔性导管无刚性且无承压性能，无法保证线路的长期运行安全，应在施工过程中随工序进度目视检查。

30）第 8.7.6 条　电缆敷设应符合下列规定：

① 并联使用的电力电缆，敷设前应确保其型号、规格、长度相同。

电缆敷设前应做好计划，检查电缆敷设图，及时发现问题及时纠正。

② 电缆在电气竖井内垂直敷设及电缆在大于 45°倾斜的支架上或电缆桥架内敷设时，应在每个支架上固定。

电缆因长期受力运行将削减电缆的允许截流量，电缆敷设过程或完毕后目视检查。

③ 电缆出入电缆桥架及配电箱（柜）应固定可靠，其出入口应采取防止电缆损伤的措施。

切口锋利将破坏电缆绝缘层导致发生电击事故。可在施工过程中或交工前目视检查。

④ 电缆头应可靠固定，不应使电器元器件或设备端子承受额外应力。

电缆头未做固定或固定不可靠将导致端子连接处持续截流量减小，应在工程施工过程中目视检查，必要时可进行扭力测试。

⑤ 耐火电缆连接附件的耐火性能不应低于耐火电缆本体的耐火性能。

耐火电缆的连接附件是需要施工单位单独配置，附件材料进场时应进行专项验收，必要时应送相应检测机构进行复试。

31）第 8.7.7 条　交流单芯电缆或分相后的每相电缆敷设应符合下列规定：

① 不应单独穿钢导管、钢筋混凝土楼板或墙体；

② 不应单独进出导磁材料制成的配电箱（柜）、电缆桥架等；

③ 不应单独用铁磁夹具与金属支架固定。

第①款在施工过程中目视检查，第②、③款可于工程交工前目视检查。

32）第 8.7.8 条　电线敷设应符合下列规定：

① 同一交流回路的电线应敷设于同一金属电缆槽或金属导管内；

② 电线在电缆槽盒内应按回路分段绑扎，电线出入电缆槽盒及配电箱（柜）应采取防止电线损伤的措施；

③ 塑料护套线严禁直接敷设在建筑物顶棚内、墙体内、抹灰层内、保温层内、装饰面内或可燃物表面。

本款的直接敷设，是指塑料护套线无任何保护结构（如导管、槽盒）情况下敷设。本条 3 款均可在工程施工过程中目视检查。

33）第 8.7.9 条　导线连接应符合下列规定：

① 导线的接头不应裸露，不同电压等级的导线接头应分别经绝缘处理后设置在各自

的专用接线盒（箱）或器具内。

导线接头若设置在导管内，将增加穿线难度，一旦线路发生故障也不便于查找与检修，发生故障时会蔓延至其他回路。可在工程施工过程中随工序进度目视检查。

② 截面面积 6mm² 及以下铜芯导线间的连接应采用导线连接器或缠绕搪锡连接。

导线连接时存在蠕变和机械强度问题，连接不可靠，可能造成过热起火。在工程施工过程中目视检查，也可以在工程交工前目视检查。

③ 截面面积大于 2.5mm² 的多股铜芯导线与设备、器具、母排的连接，除设备、器具自带插接式端子外，应加装接线端子。

主要是考虑了多股电线的特点，可随时进行目视检查。

④ 导线接线端子与电气器具连接不得采取降容连接。

任意减小导线截面积或电气连接件截面积，将有可能发生电气短路事故。工程施工过程中可通过检测螺栓的拧紧力矩检查。

34）第 8.7.10 条　电线或电缆敷设应有标识，并应符合下列规定：

① 高压线路应设有明显的警示标识；

② 电缆首端、末端、检修孔和分支处应设置永久性标识，直埋电缆应设置标示桩；

③ 电力线缆接线端在配电箱（柜）内，应按回路用途做好标识。

本条为方便设备维修和维护。可在工程施工过程或工程交工前进行目视检查。

35）第 8.8.1 条　接闪器必须与防雷专设或专用引下线焊接或卡接器连接。

接闪器与防雷引下线采用什么连接方式是由设计决定的，但施工中必须符合按设计文件要求。施工中应根据设计要求进行检查。

36）第 8.8.2 条　专设引下线与可燃材料的墙壁或墙体保温层间距应大于 0.1m。

与可燃材料的墙壁或墙体保温层保持一定的间距，以防止雷电引发的火灾事故。施工过程中随工序进度进行目视检查，必要时可进行测量检查。

37）第 8.8.3 条　防雷引下线、接地干线、接地装置的连接应符合下列规定：

① 专设引下线之间应采用焊接或螺栓连接，专设引下线与接地装置应采用焊接或螺栓连接；

② 接地装置引出的接地线与接地装置应采用焊接连接，接地装置引出的接地线与接地干线、接地干线与接地干线应采用焊接或螺栓连接；

③ 当连接点埋设于地下、墙体内或楼板内时不应采用螺栓连接。

为确保防雷接地系统的连接可靠、永久、安全。施工过程中目视检查。

38）第 8.8.4 条　接地干线穿过墙体、基础、楼板等处时应采用金属导管保护。

可使漏电电流以最小阻抗向接地装置泄放。施工过程目视检查。

39）第 8.8.5 条　接地体（线）采用搭接焊时，搭接长度必须符合下列规定：

① 扁钢不应小于其宽度的 2 倍，且应至少三面施焊；

② 圆钢不应小于其直径的 6 倍，且应两面施焊；

③ 圆钢与扁钢连接时，其长度不应小于圆钢直径的 6 倍，且应两面施焊；

④ 扁钢与钢管应紧贴 3/4 钢管表面上下两侧施焊，扁钢与角钢应紧贴角钢外侧两面施焊。

接地体（线）采用焊接连接是目前最常见的施工工艺，施工过程中目视检查。

40) 第8.8.6条 电气设备或电气线路的外露可导电部分应与保护导体直接连接，不应串联连接。

为确保用电设备在任何情况下均能得到可靠的保护接地，可在工程施工过程中或交工前目视检查。

41) 第8.8.7条 金属电缆支架与保护导体应可靠连接。

金属电缆支架是指在金属支架上直接敷设电缆的情况，工程交工前目视检查。

42) 第8.8.8条 严禁利用金属软管、管道保温层的金属外皮或金属网、电线电缆金属护层作为保护导体。

金属软管、管道保温层的金属外皮或金属网、电缆的金属护层强度差，截面积小且又易腐蚀，作为保护导体不可靠，可在工程施工过程中目视检查。

43) 第9.1.1条 当设备、材料、成品和半成品进场后，因产品质量问题有异议或现场无条件做检测时，应送有资质的实验室做检测。

有资质的实验室是指依照法律、法规规定，经相应政府行政主管部门或其授权机构资质认定认可的实验室。应以审查检测报告作为检查手段。

44) 第9.1.2条 应采用核查、检定或校准等方式，确认用于工程施工验收的检验检测仪器设备满足检验检测要求。

现场应核查仪器的适用范围、量程和精度，并确认仪器的检定或校准日期在有效期内。

45) 第9.2.1条 高压的电气装置、布线系统以及继电保护系统应做交接试验，且应合格。

工程调试过程旁站检查或查询相关调试记录。

46) 第9.2.2条 高压电动机和100kW以上低压电动机应做交接试验且应合格。

交接试验内容主要是绝缘电阻检测、大电机的直流电阻检测、绕组直流耐压试验和泄漏电流测量。工程调试过程旁站检查或查询相关调试记录。

47) 第9.2.3条 低压配电箱（柜）内的剩余电流动作保护电器应按比例在施加额定剩余动作电流的情况下测试动作时间，且测试值应符合限值要求。

应按设计和产品标准要求检测动作电流和动作时间。工程交工前采用专用设备进行测量并随时监督检查。

48) 第9.2.4条 质量大于10kg的灯具，固定装置和悬吊装置应按灯具质量的5倍恒定均布载荷做强度试验，且不得大于固定点的设计最大载荷，持续时间不得少于15min。

对采用多点固定的灯具，可按固定点数的一定比例进行抽查。

49) 第9.4.1条 布线工程施工后，必须进行回路的绝缘电阻检测。

其测试必须在线路敷设完毕，导线做好连接端子且设备未接入时进行，工程施工过程中采用绝缘电阻测试仪进行检测并检查确认。

50) 第9.4.2条 当配电箱（柜）内终端用电回路中，所设过电流保护电器兼作故障防护时，应在回路终端测量接地故障回路阻抗。

过电流保护器主要是指断路器和熔断器，测试可采用带有回路阻抗测试功能的测试仪表进行检测并进行检查确认。

51) 第 9.4.3 条　接地装置的接地电阻值应经检测合格。

设计中根据接地不同功能要求，需要注意的是测试时机的选择，为防止接地装置达不到设计要求需要处理，故应在回填土填至室外地坪±0.00以下1m时及时进行测试。选用接地电阻测试仪进行测量并检查确认。

(3) 电气施工验收强制性条文的说明

电气施工验收强制性条文主要是针对强制性条文执行情况的验收，由于受工程竣工的条件限制，除系统的检查运行的符合性、稳定性和安全性外，一般以工程技术资料作为验收依据，因此在全文强制性条文《建筑电气与智能化通用规范》GB 55024—2022中对验收提出更多的是工程验收时需验证的工程技术资料，但作为提供工程验收资料的施工单位，应在施工的全过程严格按照强制性条文要求，及时进行工序验收并按照全文强制性条文规定的要求做好相关技术资料，及时、准确、完整、如实地反映工程实物质量，为工程竣工验收单位提供验收依据，因此关于强制性条文的验收，我们的重点应在条文的执行上。

(4) 交工验收用的质量资料

1) 质量控制资料

① 图纸会审、设计变更、洽商记录。

② 材料、设备出厂合格证书及进场检（试）验报告。

③ 设备调试记录。

④ 接地、绝缘电阻测试记录。

⑤ 隐蔽工程验收表（记录）。

⑥ 施工记录。

⑦ 分项、分部工程质量验收记录。

⑧ 新技术论证、备案及施工记录。

2) 工程安全和功能检验资料核查及主要功能抽查记录

① 建筑照明通电试运行记录。

② 灯具固定装置及悬吊装置的载荷强度试验记录。

③ 绝缘电阻测试记录。

④ 剩余电流动作保护器测试记录。

⑤ 应急电源装置应急持续供电记录。

⑥ 接地电阻测试记录。

⑦ 接地故障回路阻抗测试记录。

3) 观感质量检查记录

检查部位包括：

① 配电箱、盘、板、接线盒。

② 设备、器具、开关、插座。

③ 防雷、接地、防火。

5. 通风与空调工程施工质量验收规范对质量验收的要求

(1) 概述

1) 现行的《通风与空调工程施工质量验收规范》GB 50243—2016 适用于建筑工程通风与空调工程施工质量的验收。验收时要与《建筑工程施工质量验收统一标准》GB 50300—2013 配套使用。

2) 本规范共有12章，其中8章为含有主控项目、一般项目的分项工程质量标准部分，共计有20个分项工程。

3) 本规范共有条文254条，其中强制性条文有10条，占总条文数的比例为4%。规范有3个附录，主要为正文中提到的测试要求的具体说明及推荐应用的质量验收记录表式。

(2) 强制性条文的主要内容

1) 第4.2.2条　防火风管的本体、框架与固定材料、密封垫料必须为不燃材料，防火风管的耐火极限时间应符合系统防火设计的规定。

这是为建筑物使用安全和保障使用建筑物的人的安全而作的规定。

2) 第4.2.5条　复合材料风管的覆面材料必须为不燃材料，内部的绝热材料应为不燃或难燃且对人体无害的材料。

这是为保证工程使用中的防火安全性能和人身健康而作的规定。

3) 第5.2.7条　防排烟系统柔性短管必须采用不燃材料。

这是为确保发生火灾时防排烟系统的功能有效性而作的规定。

4) 第6.2.1条　在风管穿过需要封闭的防火、防爆的墙体或楼板时，必须设置厚度不小于1.6mm的钢制防护套管；风管与防护套管之间应采用不燃柔性材料封堵严密。

这是为确保使用安全而作的规定。

5) 第6.2.2条　风管安装必须符合下列规定。

① 风管内严禁其他管线穿越。

② 输送含有易燃、易爆气体或安装在易燃易爆环境的风管系统必须设置可靠的防静电接地装置。

③ 输送含有易燃、易爆气体的风管系统通过生活区或其他辅助生产房间时，不得设置接口。

④ 室外风管系统的拉索金属固定件严禁与避雷针或避雷网连接。

这是为确保使用安全而作的规定。

6) 第7.2.2条　通风机传动装置的外露部位以及直通大气的进、出风口，必须装设防护罩（网）或采取其他安全防护措施。

这是为确保使用安全防止发生人身伤害事故而作的规定。

7) 第7.2.10条　静电式空气净化装置的金属外壳必须与PE线可靠接地。

这是为确保使用安全而作的规定。

8) 第7.2.11条　电加热器的安装必须符合下列规定。

① 电加热器与钢构架间的绝热层必须为不燃材料；外露接线柱的应加设防护罩。

② 电加热器的外露可导电部分必须与PE线可靠接地。

③ 连接电加热器的风管的法兰垫片，应采用耐热不燃材料。
这是为确保使用安全防止发生触电、火灾事故而作的规定。
9) 第 8.2.4 条　燃油管道系统必须设置可靠的防静电接地装置。
这是为确保使用安全，防止因静电引起发生火灾事故而作的规定。
10) 第 8.2.5 条　燃气管道的安装必须符合下列规定：
① 燃气系统与机组的连接不得使用非金属软管。
② 当燃气供气管道压力大于 5kPa，焊缝的无损检测应按设计要求执行。当设计无规定时，应对全部焊缝进行无损检测并合格。
③ 燃气管道的吹扫和压力试验应为压缩空气或氮气，严禁用水。
这是为使制冷设备能安全运行，避免发生燃爆事故而作的规定。
（3）检测、试验和试运行
1) 应检测的主要部位（以主控项目为主）
① 风管的强度检测，应能在规定的试验压力和试验时间下接缝处无开裂，整体结构无永久变形及损伤。
② 各类风管风道的漏风量检测应符合本规范的规定。
③ 风管系统安装后，必须进行严密性检验，检验以主、干管为主，微压系统风管在外观和制造工艺检验合格的基础上，不应进行漏风量测试。
④ 防火分区隔墙两侧的防火阀，距墙表面不应大于 200mm。
⑤ 现场组装的组合式空气调节机组应做漏风量检测，其结果符合《组合式空调机组》GB/T 14294—2008 的规定。
⑥ 现场组装的除尘器壳体应做漏风量检测，在设计工作压力下，允许漏风率为 5%，如为离心式除尘器，则允许漏风率为 3%。
⑦ 高效过滤器安装前需仪器检漏、调试前应扫描检漏。
⑧ 制冷剂管道的坡度必须符合设计及设备技术文件要求，如设计无规定时，应按表 1-5 规定执行。

制冷剂管道坡度、坡向　　　　　　　　　　　　　　表 1-5

管道名称	坡向	坡度
压缩机吸气水平管（氟）	压缩机	≥10/1000
压缩机吸气水平管（氨）	蒸发器	≥3/1000
压缩机排气水平管	油分离器	≥10/1000
冷凝器水平供液管	贮液器	(1～3)/1000
油分离器至冷凝器水平管	油分离器	(3～5)/1000

⑨ 制冷系统投入运行前，应对安全阀进行调试校核，其开启和回座压力应符合设备技术文件要求。
⑩ 氨制冷剂的管道焊缝，应进行 10% 的抽检射线检查，亦可用超声波检验代替，以不低于 Ⅱ 级为合格。
⑪ 电加热器前后 800mm 的风管和绝热层及穿越防火隔墙两侧 2m 的风管和绝热层必须采用不燃材料。
2) 应试验的项目

① 风机盘管机组安装前宜进行单机三速试运转和水压检漏试验,试验压力为工作压力的 1.5 倍,历时 2min,以不渗漏为合格。

② 组装式制冷机组和现场充注制冷剂的机组,必须做管路吹污、气密性试验、真空试验、充制冷剂后检漏试验,以符合产品技术文件和国家现行标准的有关规定。

③ 制冷管道系统应做强度试验、气密性试验和真空试验。

④ 制冷管道系统的阀门安装前要做强度试验和严密性试验。强度试验压力为阀门公称压力的 1.5 倍,时间不得少于 5min,严密性试验压力为阀门公称压力的 1.1 倍,持续时间 30s,均以不渗不漏为合格。

⑤ 空调水系统管道安装完毕应按设计要求做水压试验。如设计无规定时,应符合下列规定:

A. 冷(热)水、冷却水与蓄能(冷、热)系统的试验压力,当工作压力小于或等于 1.0MPa 时为工作压力的 1.5 倍,最低不小于 0.6MPa,当工作压力大于 1.0MPa 时,为工作压力加 0.5MPa。

B. 系统最低点压力升至实验压力后,应稳压 10min,压力下降不应大于 0.02MPa,然后应将系统压力降至工作压力,以外观检查无渗漏为合格。对于大型、高层建筑等垂直位差较大的冷(热)水、冷却水管道系统,当采用分区、分层试压时,在该部位的试验压力下,应稳压 10min,压力不得下降,再将系统压力降至该部位的工作压力,在 60min 内压力不得下降、外观检查无渗漏为合格。

C. 各类受压塑料管的强度试验压力(冷水)应为 1.5 倍的工作压力,且不应小于 0.9MPa;严密性试验压力为 1.15 倍的工作压力。

D. 凝结水系统采用通水试验,以不渗不漏,排水畅通为合格。

⑥ 空调水系统对于工作压力大于 1.0MPa 及在主干管上起切断作用。冷、热水系统运行转换调节功能的阀门和止回阀,应进行壳体强度和阀瓣密封性能试验,且应试验合格,其他阀门可不单独进行试验。阀门安装前必须进行外观检查,阀门的铭牌应符合现行国家标准《工业阀门标志》GB/T 12220 的有关规定。

A. 强度试验压力为阀门公称压力的 1.5 倍,持续时间不应少于 5min,阀门壳体及填料应无渗漏。

B. 严密性试验压力为阀门公称压力的 1.1 倍,试验压力在试验持续时间内(时间如表 1-6 所示)保持压力不变,阀门压力试验持续时间与允许泄漏量应符合表 1-6 的规定。

阀门压力试验持续时间与允许泄漏量 表 1-6

公称直径 DN(mm)	最短试验持续时间(s)	
	严密性试验(水)	
	止回阀	其他阀门
≤50	60	15
65~150	60	60
200~300	60	120
≥350	120	120
允许泄漏量	3 滴×(DN/25)min	小于 DN65 为 0 滴,其他为 2 滴×(DN/25)min

注:压力试验的介质为洁净水。用于不锈钢阀门的试验水,氯离子含量不得高于 25mg/L。

⑦ 空调水系统的水箱、集水缸、分水缸、储冷罐等的满水试验或灌水试验必须符合设计要求。

3）应试运行的项目

① 单机试运转的设备有风机、水泵、冷却塔、制冷机组、单元式空调机组、电动防火阀、防排烟风阀、风机盘管机组、风冷热泵等。

② 空调系统无生产负荷联合试运行。

③ 防排烟系统联合试运行。

（4）交工验收用的质量资料

1）质量控制资料

① 图纸会审、设计变更、洽商记录。

② 材料、设备出厂合格证书及进场检（试）验报告。

③ 制冷、空调、水管道强度试验、严密性试验记录。

④ 隐蔽工程验收表（记录）。

⑤ 制冷设备运行调试记录。

⑥ 通风、空调系统调试记录。

⑦ 施工记录。

⑧ 分项、分部工程质量验收记录。

⑨ 新技术论证、备案及施工记录。

2）工程安全和功能检验资料核查及主要功能抽查记录

① 通风、空调系统试运行记录。

② 风量、温度测试记录。

③ 洁净室洁净度测试记录。

④ 制冷机组试运行调试记录。

⑤ 空气能量回收装置测试记录。

3）观感质量检查记录

检查部位包括：

① 风管、支架。

② 风口、风阀。

③ 风机、空调设备。

④ 管道、阀门、支架。

⑤ 水泵、冷却塔。

⑥ 绝热。

6. 自动喷水灭火系统施工及验收规范对质量验收的要求

（1）概述

1）现行的《自动喷水灭火系统施工及验收规范》GB 50261—2017适用于工业及民用建筑中设置的自动喷水灭火系统的施工、验收及维护管理。虽然该规范颁行较迟，未能与《建筑工程施工质量验收统一标准》GB 50300—2013同期出台，但从其前言可知，在编写格式、技术内容要求及记录表格等还包括验收组织和程序是与统一标准协调一致的，成为一个独立的分部工程。所以工程验收时要参照统一标准的规定执行。

2）本规范共有 9 章，其中 4 章为含有主控项目、一般项目的分项工程质量标准部分，共计有 17 个分项工程。

3）本规范共有条文 174 条，其中强制性条文有 6 条，占总条文数的比例为 3.4%，规范有 7 个附录，主要是分部分项工程划分和推荐使用的检查记录表式。

（2）强制性条文主要内容

1）第 3.2.7 条　喷头的现场检验应符合下列要求：

① 喷头的商标、型号、公称动作温度、响应时间指数（RTI）、制造厂及生产日期等标志应齐全；

② 喷头的型号、规格等应符合设计要求；

③ 喷头外观应无加工缺陷和机械损伤；

④ 喷头螺纹密封面应无伤痕、毛刺、缺丝或断丝现象；

⑤ 闭式喷头应进行密封性能试验，以无渗漏、无损伤为合格。试验数量宜从每批中抽查 1%，但不得少于 5 只，试验压力应为 3.0MPa；保压时间不得少于 3min。当两只及两只以上不合格时，不得使用该批喷头。当仅有一只不合格时，应再抽查 2%，但不得少于 10 只，并重新进行密封性能试验；当仍有不合格时，亦不得使用该批喷头。

这是为确保喷头功能性要求而作的规定。

2）第 5.2.1 条　喷头安装应在系统试压、冲洗合格后进行。

这是为了确保喷头，防止异物堵塞喷头，影响喷头喷水灭火效果而作的规定。

3）第 5.2.2 条　喷头安装时，不得对喷头进行拆装、改动，并严禁给喷头隐蔽性喷头的装饰盖板附加任何装饰性涂层。

喷头是自动喷水灭火系统的关键组件，出厂时已经严格检验，合格后才能出厂，所以安装过程中不能更动和拆装，以确保其工作性能。

4）第 5.2.3 条　喷头安装应使用专用扳手，严禁利用喷头框架施拧；喷头的框架、溅水盘产生变形或释放元件损伤时，应采用规格、型号相同的喷头更换。

这是为了使喷头保持正常功能而作的规定。

5）第 6.1.1 条　管网安装完毕后，应对其进行强度试验、严密性试验和冲洗。

这是为管网日后安全、可靠运行而作的规定。

6）第 8.0.1 条　系统竣工后，必须进行工程验收，验收不合格不得投入使用。

这是为使工程能切实做到扑灭火灾，保护人身和财产安全的作用，且确保日后的可靠运行而作的规定。

（3）检测、试验和试运行

1）应检测的主要部位（以主控项目为主）

① 消防气压给水设备的四周应有不小于 0.7m 的检修通道，其顶部至楼板或梁底的距离不宜小于 0.6m。

② 消防水泵接合器安装距室外消火栓或消防水池的距离宜为 15～40m，墙壁消防水泵接合器，其离地高度宜为 0.7m，且与墙面上门、窗、孔洞的净距不应小于 2m。

③ 地下消防水泵接合器，其进水口与井盖面的距离不大于 0.4m，且不小于井盖

的半径。

④ 管网安装，当采用机械三通连接支管时，应检查机械三通与孔洞的间隙，各部位应均匀，然后再紧固到位。机械三通开孔间距不应小于500m，机械四通开孔间距不应小于1000mm。机械三通、四通连接时，主管与支管间的关系应如表1-7所示。

⑤ 埋地的沟槽式管件的螺栓、螺母应做防腐处理。水泵房内的埋地管道连接应采用挠性接头。

⑥ 报警阀组距室内地面高度宜为1.2m，两侧与墙的距离不应小于0.5m，正面与墙的距离不应小于1.2m，报警阀组凸出部位之间的距离不应小于0.5m。

⑦ 干式报警阀组安装完成后应向报警阀气室注入高度为50～100mm的清水。

采用支管接头（机械三通、机械四通）时支管的最大允许管径（mm）　　表1-7

主管直径 DN		50	65	80	100	125	150	200	250
支管直径 DN	机械三通	25	40	40	65	80	100	100	100
	机械四通	—	32	40	50	65	80	100	100

注：配水干管（立管）与配水管（水平管）连接应采用沟槽式管件，不应采用机械三通。

⑧ 水力警铃与报警阀组的接管公称直径为20mm时，其长度不大于20m，水力警铃的铃声强度不应小于70dB。

⑨ 以自动或手动方式启动水泵时，消防水泵应在30s内投入正常运行。

⑩ 以备用电源切换方式或备用泵切换启动消防水泵时，消防水泵应在30s内投入正常运行。

A. 湿式报警阀调试时，当湿式报警阀进口水压大于0.14MPa、放水流量大于1L/s时，报警阀应及时启动，带延迟器的水力警铃应在5～90s内发出报警铃声，不带延迟器的水力警铃应在15s内发出报警铃声，压力开关及时动作，并反馈信号。

B. 手动或自动方式启动的雨淋阀，应在15s之内启动；公称直径大于200mm的雨淋阀调试时，应在60s之内启动。雨淋阀调试时，当报警水压为0.05MPa，水力警铃应发出报警铃声。

C. 干式报警阀调试时，开启系统试验阀，报警阀的启动时间、启动点压力、水流到试验装置出口所需时间等，均应符合设计要求。

D. 水力警铃测试，其喷嘴处压力不应小于0.05MPa，且距警铃3m处，铃声声强不小于70dB。

E. 预作用喷水灭火系统管道充水时间不大于1min。

2）应试验的项目

① 闭式喷头的试验见强制性条文第3.2.7条的规定。

② 报警阀应进行渗漏试验，试验压力为额定工作压力的2倍，保压时间不应小于5min，阀瓣处应无渗漏。

③ 管网的水压试验

A. 当系统设计工作压力小于或等于1.0MPa时，水压强度试验压力应为设计工作压力的1.5倍，并不应低于1.4MPa；当系统设计工作压力大于1.0MPa时，水压强度试验压力应为该工作压力加0.4MPa。

B. 水压强度试验的测试点应设在系统管网的最低点。对管网注水时,应将管网内的空气排净,并应缓慢升压;达到试验压力后,稳压 30min 后,管网应无泄漏、无变形,且压力降不应大于 0.05MPa。

C. 水压严密性试验应在水压强度试验和管网冲洗合格后进行。试验压力应为设计工作压力,稳压 24h 应无泄漏。

④ 管网的气压试验

气压严密性试验压力应为 0.28MPa,且稳压 24h,压力降不应大于 0.01MPa。

3) 应系统调试的项目

① 水源调试。

② 消防水泵调试。

③ 稳压泵调试。

④ 报警阀调试。

⑤ 排水设施调试。

⑥ 联动试验。

(4) 交工验收用质量资料

1) 施工现场质量管理检查记录

内容包括:

① 现场质量管理制度。

② 质量责任制。

③ 主要专业工种人员操作上岗证书。

④ 施工图审查情况。

⑤ 施工组织设计、施工方案及审批。

⑥ 施工技术标准。

⑦ 工程质量检验制度。

⑧ 现场材料、设备管理。

⑨ 其他。

2) 施工过程质量检查记录

内容包括:

① 自动喷水灭火系统施工过程质量检查记录。

② 自动喷水灭火系统试压记录。

③ 自动喷水灭火系统管网冲洗记录。

④ 自动喷水灭火系统联动试验记录。

⑤ 自动喷水灭火系统工程验收记录。

3) 自动喷水灭火系统工程质量控制资料检查记录

内容包括:

① 施工图、设计说明书、设计变更通知书和设计审核意见书、竣工图。

② 主要设备、组件的国家质量监督检验测试中心的检测报告和产品出厂合格证。

③ 与系统相关的电源、备用动力、电气设备以及联动控制设备等验收合格证明。

④ 施工记录表、系统试压记录表、系统管道冲洗记录表、隐蔽工程验收记录表、系

统联动控制试验记录表、系统调试记录表。

⑤ 系统及设备使用说明书。

7. 建筑智能化工程质量验收规范对质量验收的要求

（1）概述

1）现行的《智能建筑工程质量验收规范》GB 50339—2013 适用于建筑工程的新建、扩建和改建工程中的智能建筑工程（建筑智能化工程）质量验收。验收时要与《建筑工程施工质量验收统一标准》GB 50300—2013 以及《建筑电气与智能化通用规范》GB 55024—2022 配套使用。

2）本规范共有 22 章，以 19 个子分部工程为主线进行编写，删去了原规范对分项工程分为主控项目、一般项目的规定。明确了每个子分部工程所含的分项工程，合计有 109 个分项工程。

3）规范第 3 章的 3.4 为分部（子分部）工程验收，其第 3、4、7 条对验收合格的判定，判定的标准与统一标准是相异的，因而可以理解为，建筑智能化工程的分项、分部（子分部）工程的验收按规范规定执行，在参与单位工程验收时，应按统一标准的规定执行。

4）规范共有条文 194 条，其中强制性条文有 2 条，自 2022 年 10 月 1 日起废止，执行《建筑电气与智能化通用规范》GB 55024—2022 有关智能化工程的规定。规范有 4 个附录，均为推荐的记录表式。

（2）《建筑电气与智能化通用规范》GB 55024—2022 中有关智能化规范主要条款

《建筑电气与智能化通用规范》GB 55024—2022 中有关智能化工程的一般通用规定（如桥架安装、布线、防雷接地等）与建筑电气专业一致，在此不再展开叙述，望学习者认真仔细研读相关内容，并在智能化工程质量验收时严格执行。除此之外，《建筑电气与智能化通用规范》GB 55024—2022 中涉及智能化工程施工的有 4 条、验收的有 2 条：

1）第 8.6.1 条 智能化设备的安装应牢固、可靠，安装件必须能承受设备的重量及使用、维修时附加的外力。吊装或壁装设备应采取防坠落措施。

本条强制性条文规定各种智能化设备的安装必须牢固可靠，安装时要采取各种加固措施确保智能化设施以及人员的安全。现场验收时可按本条内容目视检查，并应查验相关的测试记录资料。

2）第 8.6.2 条 在搬动、架设显示屏单元过程中应断开电源和信号连接线缆，严禁带电操作。

断开电源线是为了确保电气安全，不允许带电操作，要求断开信号连接是为防止信号传输误动作。质量员在施工过程中采用目视监督检查。

3）第 8.6.3 条 大型扬声器系统应单独固定，并应避免扬声器系统工作时引起墙面和吊顶产生共振。

大功率扬声器辐射能量很大，很容易与周边连接体一起产生共振，不利于使用安全和扩声效果，因此必须单独固定且采取防止共振的软连接或加装软隔离垫等措施。现场验收时采用目视检查。

4) 第8.6.4条 设在建筑物屋顶上的共用天线应采取防止设备或其部件损坏后坠落伤人的安全防护措施。

这是为避免建筑物屋顶上的共用天线等设备部件因安装不牢固而从屋面掉下,威胁地面人员安全而制订的。屋面上安装的共用天线等设备部件的底部应采用预埋地脚螺栓或预埋铁板的方法进行固定,对共用天线可采取加装缆绳等措施。现场验收时可按本条内容目视检查。

5) 第9.3.1条 施工前应检查吊装、壁装设备的各种预埋件的安全性和防腐处理等情况。

本条规定预埋件必须与建筑结构面牢固、稳定地连接,且吊装、壁装设备的重量必须符合建筑结构的承受能力;焊接面、紧固件不能有任何虚焊和松动现象,连接处应做防腐处理,预埋件的材质必须满足承重要求。现场工程隐蔽前应目视检查,并做好隐蔽记录。

6) 第9.3.2条 公共广播系统的检测应符合下列规定:

① 当公共广播系统具有紧急广播功能时,应验证紧急广播具有最高优先权,并应以现场环境噪声为基准,检测紧急广播的信噪比。

② 当紧急广播系统具有火灾应急广播功能时,应检查传输线缆、电缆槽盒和导管的防火保护措施。

这是对公共广播系统的检测提出了要求。第1款强调,紧急广播应具有最高优先权进行直播的功能,紧急情况下以现场环境噪声为基准进行信噪比检测,紧急广播的信噪比应等于或大于现场环境噪声12dB,紧急广播与消防应急广播合用时的信噪比应等于或大于现场环境噪声15dB;第2款强调,当紧急广播系统具有火灾应急广播功能时,为保证火灾发生初期火灾应急广播系统的线路在一定时限下安全运行,需要对紧急广播系统传输线路的防火保护措施进行检查,避免由于线路选材或安装原因导致无法正常运行。现场可采用噪声测试仪等测试噪声,对于线缆、槽盒和导管等材料,应查看其检测报告等资料,检查其性能参数是否达到防火设计的要求。

(3) 检测、试验和试运行

鉴于本规范以智能化工程各个系统的检测为主线进行编写,检测过程要进行试验和调整,所以教材中不再像其他专业标准一样将主要的检测、试验、试运行罗列出来,如欲深入了解,唯一的办法是对《智能建筑工程质量验收规范》GB 50339—2013进行全面深入的阅读和理解,同时要熟悉并掌握《建筑电气与智能化通用规范》GB 55024—2022中第9章第3节、第4节的相关内容。

(4) 交工验收用的质量资料

1) 质量控制资料

① 图纸会审记录、设计变更通知单、工程洽商记录。

② 原材料出厂合格证书及进场检验、试验报告。

③ 隐蔽工程验收记录。

④ 系统功能测定及设备调试记录。

⑤ 系统技术、操作和维护手册。

⑥ 系统管理、操作人员培训记录。

⑦ 系统检测报告。
⑧ 分项、分部工程质量验收记录。
⑨ 施工记录。
⑩ 新技术论证、备案及施工记录。
2) 工程安全和功能检验资料核查及主要功能抽查记录
① 系统试运行记录。
② 系统电源及接地检测报告。
③ 系统接地检测报告。
3) 观感质量检查记录
检查部位包括：
① 机房设备安装及布局。
② 现场设备安装。

二、工程质量管理基本知识

本章对设备安装工程质量管理的特点、质量控制体系的概念,以及按 ISO 9000 标准建立的质量管理体系的基本要求作出介绍。

(一)工程质量管理及控制体系

质量是建设工程项目管理的主要控制目标之一。质量管理是指在质量方面指挥和控制协调的活动。建设工程的质量控制,需要有效地应用质量管理和质量控制的基本原理和方法,建立和完善工程项目质量保障体系,落实项目各参与方的质量责任,通过项目实施过程各个环节质量控制的职能活动,在政府的监督下实现建设工程项目的质量目标。

1. 质量的概念

(1)质量

1)根据国家标准《质量管理体系 基础和术语》GB/T 19000—2016 的定义,质量是指客体的一组固有特性满足要求的程度。客体是指可感知或可想象到的任何事物,可能是物质,非物质的或想象的,包括产品、服务、过程、人员、组织、体系、资源等。"固有特性"是指在某事或某物中本来就有的,尤其是那种永久的特性。

2)质量一般包括"明确要求的质量"和"隐含要求的质量"。"明确要求的质量"是指用户明确提出的要求或需要,通常通过合同及标准、规范、图纸、技术文件作出明文规定;"隐含要求的质量"是指用户未提出或未明确提出要求,而由生产企业通过市场调研进行识别与探明的要求或需要,这是用户或社会对产品服务的期望,也就是人们所公认的,不言而喻的那些需要。

(2)工程项目质量

工程项目质量是指通过项目实施形成的工程实体的质量,是反映建筑工程满足法律、法规的强制性要求和合同约定的要求,包括在安全、使用功能以及在耐久性能、环境保护等方面满足要求的明显和隐含能力的特性总和。其质量特性主要体现在适用性、安全性、耐久性、可靠性、经济性及与环境的协调性六个方面。

(3)产品

1)一组将输入转化为输出的相互关联或相互作用的活动的结果。

2)产品分为有形产品和无形产品。有形产品是经过加工的成品、半成品、零部件,如设备、预制构件、建筑工程等;无形产品包括各种形式的服务,如运输、维修等。

(4)产品质量

1)产品满足人们在生产和生活中所需的使用价值及其属性。它们体现为产品的内在和外观的各种质量指标。

2)在建筑工程中产品质量表现为建筑工程的质量,是指反映建筑工程满足相关标准规定或合同约定的要求,包括其在安全、施工功能及其在耐久性能、环境保护等方面所有明显和隐含能力的特性总和。

3)根据质量的定义,可以从两方面理解产品质量。

① 产品质量好坏和高低是根据产品所具备的质量特性能否满足人们需要及满足程度来衡量的。一般有形产品的质量特征主要包括:性能、寿命、可靠性、安全性、经济性等。无形产品特性强调及时、准确、圆满与友好等。

② 产品质量具有相对性,即一方面,对有关产品所规定的要求及标准、规定等因时而异,会随时间、条件而变化;另一方面,满足期望的程度由于用户需求程度不同,因人而异。

(5)质量管理

1)在质量方面指挥和控制组织的协调的活动。通常包括建立质量方针和质量目标,并在质量管理体系中通过质量策划、质量控制、质量保证和质量改进等手段来实施质量管理职能,从而实现质量目标的所有活动。质量管理的首要任务是确定质量方针、目标和职责。施工单位的质量控制目标,是通过企业全过程的全面质量自控,保证交付满足施工合同及设计文件所规定的质量标准的建筑工程产品。

2)质量策划是指致力于制定质量目标并规定必要的运行过程和相关资源以实现质量目标;质量控制是指致力于满足质量要求;质量保证是指致力于提供质量要求会得到满足的信任;质量改进是指致力于增强满足质量要求的能力。

(6)工程项目质量管理

工程项目质量管理是指在工程项目实施过程中,指挥和控制项目参与各方关于质量的相互协调的活动,是围绕着使工程项目满足质量要求,而开展的策划、组织、计划、实施、检查、监督和审核等所有管理活动的总和。

2. 设备安装工程质量特点

(1)房屋建筑安装工程的施工活动是把购入的材料和设备,按施工设计图纸,用作业工艺,将其组合起来,达到预期的功能,供建设单位使用。因而安装工程的质量是否能满足顾客的需要,首先决定于其采用的材料和设备的制造质量,其次是决定于作业工艺即施工方法的质量。

(2)房屋建筑安装工程的工程实体主要安装在各类建筑结构上,依靠建筑物来固定各种安装工程实体,在使用中有的工程实体会产生振动、有的因充实介质而增加载荷,如各类动设备的运转(泵、风机、锅炉、冷水机组等)和大口径的供水管道等,所以说建筑结构的承载能力也会对安装工程的质量产生影响,因而安装工程实体在固定于建筑结构上时要对建筑结构的承载可能性作出评估。

(3)房屋建筑安装工程中有些工程实体质量要受到政府机构的质量监督检验,如消防、电梯、锅炉、起重机械、压力容器及压力管道客运索道、大型游乐设施等。

(4)房屋建筑安装工程的工程实体在使用中有较多部分处在动态运行中,因而要求使用者必须按规程规定使用和按规定定期维护保养,才能使工程质量稳定,达到预期设计使用寿命。

(5)房屋建筑安装工程质量的检查与验收,按国家标准和规范执行。

(6) 设备安装工程在施工中存在交叉施工，需要各专业、工种的相互协调配合，还要与不同参建单位协调配合，如土建单位、装饰单位、设备材料供应商等。同时，要对各专业系统进行调试运行及对各项功能参数进行检测。

3. 质量控制体系的组织框架

（1）质量控制是质量管理的一部分，是致力于满足质量要求的一系列相关活动。这些活动主要包括：设定目标、测量检查、评价分析及纠正偏差。质量控制是在具体地围绕着明确的质量目标，通过行动方案和资源配置的计划、实施、检查和监督，进行事前预控、事中控制、事后控制，致力于实现预期质量目标的系统过程。

（2）对施工企业而言，企业的不同层级，质量控制的职责是不同的。根据《工程建设施工企业质量管理规范》GB/T 50430—2017 规定，施工企业应建立质量管理体系的组织机构，设立质量管理部门，并规定其组织和协调质量管理工作的职能。项目部应根据工程需要和规定要求，设置相应的质量管理部门或岗位，各层次质量管理部门和岗位的设置。应满足资源与需求匹配、责任与权利一致的要求。本节重点阐述项目部质量控制体系的结构和职责。

（3）项目部应确保工程项目质量管理的有效性，其管理职责应包括下列内容：

1）应建立健全项目管理组织和质量管理制度。

2）应组织实施工程项目质量管理策划。

3）应落实项目质量目标实现所需资源。

4）应组织实施过程质量控制和检查验收。

5）应履行合同约定的其他事项。

（4）由于质量控制是质量管理工作的组成部分，因而质量控制体系的组织框架是与质量管理体系组织框架一致的，如图 2-1 所示。

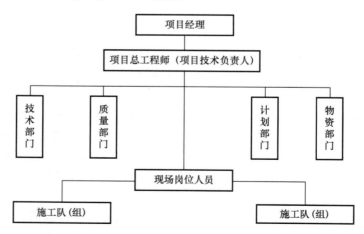

图 2-1　质量控制框架结构

4. 质量控制体系的人员职责

（1）项目质量控制主要有两个方面，即对影响施工质量因素的控制和施工过程事先、事中、事后三阶段的质量控制,因而质量控制体系人员的职责要依这两个方面来具体落实,由于施工企业管理制度的差异,职责的分工只能作原则性的说明。

(2) 职责和权限

1) 项目经理或项目总工程师(项目技术负责人)

① 制订或批准项目质量控制计划并实施。

② 明确项目各管理部门质量控制的责任和权限,并做到相互间衔接无缝隙。

③ 制订各岗位人员和作业队组的质量管理及控制的责任制。

④ 组织项目全体员工培训,增强质量意识,提高质量控制的技能和方法的水平。

⑤ 监督质量控制体系的实时运行情况,及时完善和改进。

⑥ 项目总工(项目技术负责人)应负责施工方案、作业指导书、施工工艺文件等质量控制文件的审批。

2) 技术部门主要职责

① 组织事前质量控制的技术准备工作,包括施工方案、作业指导书、施工图预算等技术经济文件的编制,并在实施执行中进行指导监督。

② 编制事后质量控制的试运行和联动试车的方案,并参加实施,对作业施工队组编写的单机试运行技术文件负责审核。

③ 对新技术、新工艺、新材料、新机具等的应用编制质量控制指导性文件,并参与推广应用。

3) 质量部门主要职责

① 参与技术部门组织的质量控制文件的编制。

② 组织编制事前、事中、事后质量控制计划,并在实施执行中进行指导监督。

③ 组织按计划确定的施工现场质量检查工作。

④ 对工程实际设置质量控制点。

4) 生产部门主要职责

① 各类进度计划的制定要符合工程质量要求,确保工程质量得到有效控制。

② 对图纸会审、竣工验收、内外沟通、洽谈协商等各类与质量控制有关活动的准备、实施及相关见证资料的留存工作。

5) 物资部门主要职责

① 做好事前质量控制的物资准备工作,包括订立物资采购合同时要明确质量要求。

② 组织物资的进场验收,确保合格产品用到工程上,把好质量控制的关键一关。

③ 保持施工机械完好状态,排除影响工程质量的因素——机械对工程质量的干扰。

④ 及时处理施工中发现的材料质量问题。

⑤ 保持检测用仪器、仪表的使用在有效期内。

6) 现场岗位人员主要职责

① 按不同岗位的分工向作业施工队组布置经审批通过的质量控制活动计划,并协助队组认真实施,实施中遇有阻滞及时处理或反馈给有关部门作出相应调整。

② 参与相关部门组织的质量控制活动文件的编制,编制要依据工程实际,使之具有可操作性。

③ 每经过一个质量控制活动的循环,收集作业施工队组的相关信息,提出改进措施,

以利质量控制活动得到持续改进。

5. 项目质量控制的任务与责任

（1）项目质量控制的任务

1）工程项目质量控制的任务就是对项目的建设、勘察、设计、施工、监理单位的工程质量行为，以及涉及项目工程实体质量的设计质量、材料质量、设备质量、施工安装质量进行控制。

2）由于项目的质量目标最终是由项目工程实体的质量来体现，而项目工程实体的质量最终是通过施工作业过程直接形成的，设计质量、材料质量、设备质量往往也要在施工过程中进行检验，因此，施工质量控制是项目质量控制的重点。

（2）项目质量控制的责任

《中华人民共和国建筑法》和《建设工程质量管理条例》规定，建设工程项目的建设单位、勘察单位、设计单位、施工单位、工程监理单位都要依法对建设工程质量负责，尤其要突出建设单位首要责任和落实施工单位主体责任。本节重点阐述施工单位的责任。

1）施工单位对设备安装工程的施工质量负责。施工单位应完善质量管理体系，建立岗位责任制度，设置质量管理机构，配备专职质量负责人，加强全面质量管理；推行质量安全手册制度，推进工程质量管理标准化，将质量管理要求落实到每个项目和员工；建立质量责任标识制度，对关键工序、关键部位隐蔽工程实施举牌验收，加强施工记录和验收资料管理，实现质量责任可追溯。施工单位不得转包或者违法分包工程。

2）建设工程实行总承包的，总承包单位应当对全部建设工程质量负责；建设工程勘察、设计、施工、设备采购的一项或者多项实行总承包的，总承包单位应当对其承包的建设工程或者采购的设备的质量负责。

3）总承包单位依法将建设工程分包给其他单位的，分包单位应当按照分包合同的约定对其分包工程的质量向总承包单位负责，总承包单位与分包单位对分包工程的质量承担连带责任。

4）施工单位必须按照工程设计图纸和施工技术标准施工，不得擅自修改工程设计，不得偷工减料。施工单位在施工过程中发现设计文件和图纸有差错的，应当及时提出意见和建议。

5）施工单位必须按照工程设计要求、施工技术标准和合同约定，对建筑材料、建筑构配件、设备和商品混凝土进行检验，检验应当有书面记录和专人签字；未经检验或者检验不合格的，不得使用。

6）施工单位必须建立健全施工质量的检验制度，严格工序管理，做好隐蔽工程的质量检查和记录。隐蔽工程在隐蔽前，施工单位应当通知建设单位和建设工程质量监督机构。

7）施工人员对涉及结构安全的试块、试件以及有关材料，应当在建设单位或者工程监理单位监督下现场取样，并送具有相应资质等级的质量检测单位进行检测。

8）施工单位对施工中出现质量问题的建设工程或者竣工验收不合格的建设工程，应当负责返修。

9）施工单位应当建立健全教育培训制度，加强对职工的教育培训；未经教育培训或者考核不合格的人员，不得上岗作业。

（3）质量终身责任追究

为贯彻《建设工程质量管理条例》，提高质量责任意识，强化质量责任追究，保证工程建设质量，住房和城乡建设部制定了《建筑工程五方责任主体项目负责人质量终身责任追究暂行办法》（建质〔2014〕124号）。该办法有以下规定：

建筑工程五方责任主体项目负责人是指承担建筑工程项目建设的建设单位项目负责人、勘察单位项目负责人、设计单位项目负责人、施工单位项目经理、监理单位总监理工程师。建筑工程五方责任主体项目负责人质量终身责任，是指参与新建、扩建、改建的建筑工程项目负责人按照国家法律法规和有关规定，在工程设计使用年限内对工程质量承担相应责任。

符合下列情形之一的，县级以上地方人民政府住房和城乡建设主管部门应当依法追究项目负责人的质量终身责任：

1）发生工程质量事故。

2）发生投诉、举报、群体性事件、媒体报道并造成恶劣社会影响的严重工程质量问题。

3）由于勘察、设计或施工原因造成尚在设计使用年限内的建筑工程不能正常使用。

4）存在其他需追究责任的违法违规行为。

工程质量终身责任实行书面承诺和竣工后永久性标牌等制度。违反法律法规规定，造成工程质量事故或严重质量问题的，除依照本办法规定追究项目负责人终身责任外，还应依法追究相关责任单位和责任人员的责任。

（二）ISO 9000 质量管理体系

本节对质量管理的历史作简要回顾，并对 ISO 9000 标准作简要介绍，同时对施工项目建立质量管理体系作出建议。

1. 质量管理发展的几个阶段

质量管理作为企业管理的有机组成部分，它的发展也是随着企业管理的发展而发展的，其发展和完善的过程大体经历了以下几个阶段。

（1）质量检验阶段

进入 20 世纪，由于生产力的发展，出现了管理革命，提出计划与执行、检验与生产的职能需要分开的主张，即企业中设置专职的质量检验部门和人员，从事质量检验。这使产品质量有了基本保证。这种制度把过去的"操作者质量管理"变成了检验员的质量管理，标志着进入质量检验阶段。由于这个阶段的特点是质量管理单纯依靠事后检查、剔除废品，因此，它的管理效能有限。

（2）统计质量管理阶段

这套方法产生于第二次世界大战以后，主要是采用统计质量控制图，了解质量变动的先兆，进行预防，使不合格产品率大为下降，对保证产品质量收到了较好的效果。这种用数理统计方法来控制生产过程影响质量的因素，把单纯的质量检验变成了过程管理，使质量管理从"事后"转到了"事中",较单纯的质量检验进了一大步。这种方法忽略了广大生产与管理人员的作用,结果是既没有充分发挥数理统计方法的作用,又影响了管理功能的发展,把数理统计在质量管理中的应用推向了极端。到了 20 世纪 50 年代人们认识到,统计质量管理方法并不能全面保证产品质量,进而导致了"全面质量管理"新阶段的出现。

(3) 全面质量管理阶段

20 世纪 60 年代以后,随着社会生产力的发展和科学技术的进步,经济上的竞争也日趋激烈,特别是一大批高安全性、高可靠性、高科技和高价值的技术密集型产品和大型复杂产品的质量在很大限度上依靠对各种影响质量的因素加以控制,才能达到设计标准和使用要求。美国的菲根堡姆首先提出了较系统的"全面质量管理"概念。我国从 20 世纪 80 年代开始引进和推广全面质量管理,其基本原理就是强调在企业或组织最高管理者的质量方针指引下,实行全面、全过程和全员参与的质量管理,其主要特点是:以顾客满意为宗旨;领导参与质量方针和目标的制定;提倡预防为主、科学管理、用数据说话等。

(4) 质量管理与质量保证阶段

为了解决国际质量争端,消除和减少技术壁垒,有效地开展国际贸易,加强国际技术合作,统一国际质量工作语言,制订共同遵守的国际规范。20 世纪,国际标准化组织于 1987 年发布了 ISO 9000 族质量管理及质量保证标准。它的诞生顺应了国际经济发展的形势,适应了企业和顾客及其他受益者的需要。

2. ISO 9000 族质量管理体系标准简介

(1) ISO 9000 族标准的构成

"ISO 9000"不是指一个标准,而是一族标准的统称,是由国际标准化组织质量管理和质量保证技术委员会 ISO/TC176 制定的所有国际标准。ISO 9000 族标准的修订发展经历了 5 个阶段:

1) 1987 版 ISO 9000 族标准;
2) 1994 版 ISO 9000 族标准;
3) 2000 版 ISO 9000 族标准;
4) 2008 版 ISO 9000 族标准;
5) 2015 版 ISO 9000 族标准;

目前广泛使用的是 2015 版。

(2) 建筑施工企业质量管理体系

建筑施工企业质量管理体系是企业为实施质量管理而建立的管理体系,通过第三方认证机构的认证,提升合规经营能力,为提升企业管理水平和建筑工程品质奠定基础。企业质量管理体系应对标世界一流,按照我国 GB/T 19000 质量管理体系族标准进行建立和认证。该标准是我国按照等同原则,采用国际标准化组织颁布的 ISO 9000 质量管理体系族标准制定的。

(3) 质量管理原则

质量管理原则是 ISO 族标准的编制基础,是世界各国质量管理成功经验的科学结晶,其中不少内容与我国全面质量管理的经验吻合。它的贯彻执行能促进企业管理水平的提高，提高顾客对其产品或服务的满意程度，帮助企业达到持续成功的目的。《质量管理体系 基础和术语》GB/T 19001—2016 与《质量管理体系要求》ISO 9001：2015 提出了质量管理 7 项原则，具体内容如下：

1）以顾客为关注焦点

质量管理的首要关注点是满足顾客要求并且努力超越顾客期望。

2）领导作用

各级领导建立统一的宗旨和方向，并创造全员积极参与实现组织的质量目标的条件。

3）全员积极参与

整个组织内各级胜任、经授权并积极参与的人员，是提高组织创造和提供价值能力的必要条件。

4）过程方法

将活动作为相互关联、功能连贯的过程组成的体系来理解和管理时，可以更加有效和高效地得到一致的、可预知的结果。

5）改进

成功的组织持续关注改进。

6）循证决策

基于数据和信息的分析和评价的决策，更有可能产生期望的结果。

7）关系管理

为了持续成功，组织需要管理与有关相关方（如供方）的关系。

3. 工程质量管理实施 ISO 9000 标准的意义

（1）由于 ISO 9000 标准是揭示了质量管理最基本、最通用的一般性规律，不言而喻同样适用于工程施工质量的管理。为了加强工程建设施工企业的质量管理工作，规范施工企业从工程投标、施工合同的签订、施工现场勘测、施工图纸设计、编制施工相关作业指导书、人机料进场、施工过程管理及施工过程检验、内部竣工验收、竣工交付验收、档案移交人员离场、保修服务等一系列流程，国家认证认可监督管理委员会与住房和城乡建设部在建筑施工领域质量管理体系认证中应用《工程建设施工企业质量管理规范》GB/T 50430—2007。《工程建设施工企业质量管理规范》是在 2007 年 10 月 23 日发布，并于 2008 年 3 月 1 日正式实施的一项推荐性国家标准。它是关于工程建设施工企业质量管理的第一个国家标准。相对于技术标准、技术规范而言，也是关于施工企业质量管理的第一个管理型规范。《工程建设施工企业质量管理规范》GB/T 50430—2017 于 2017 年 5 月 4 日修订发布，并于 2018 年 1 月 1 日起正式实施。

（2）《工程建设施工企业质量管理规范》GB/T 50430—2017 与《质量管理体系要求》ISO 9001：2015 在质量价值、理论基础、管理理念、目的、评价要求等方面完全一致，在内容上进行了全面的覆盖。在条文结构安排上充分体现了施工企业管理活动特点，并在适宜性与可操作性基础上，补充了《质量管理体系要求》ISO 9001：2015 标准新增加的内容。

（3）该规范体现了把国际标准实现本土化和行业化的显著特色，也说明了在施工领域推广应用 ISO 9000 标准的实际意义。

三、施工质量计划的内容和编制方法

本章对施工质量策划、质量计划的内容及编制方法作出介绍。

（一）施工质量策划的内容

质量策划属于质量管理的一部分，致力于制定质量目标并规定必要的运行过程和相关资源以实现质量目标。设备安装工程项目施工质量策划应在合同环境下，为实现工程项目的质量目标，确定具体的实现方法、手段和措施，形成项目施工质量计划，包含在施工组织设计和施工项目管理实施规划中。

1. 施工质量策划的依据

策划的主要依据包括：招标文件、施工合同、项目的质量目标、施工标准规范、法律法规、规章、设计文件、设备说明书、顾客隐含的或明示的要求、现场环境及气候条件、施工资源、以往的经验和教训等。

2. 施工质量策划的方法

（1）施工质量策划由项目总工程师组织，各专业技术人员、质量人员参加。在充分熟悉施工合同、设计图纸、现场条件的基础上共同进行。

（2）进行质量策划时，首先要对与产品有关的要求和与顾客有关的要求进行识别，明确质量控制标准和质量目标，然后对影响施工质量的因素加以分析，确定施工需要的资源、采取的控制措施、要求的验证记录等。

（3）确定关键工序并明确其质量控制点及控制方法。

（4）影响工程质量的因素应包括与施工质量有关的人员、施工机具、工程材料、构配件和设备、施工方法和环境因素。

（5）采用先进的科学技术和管理方法，不但能提高劳动生产率，同时也能有效地提高建设工程质量水平。

3. 施工质量策划的结果

（1）确定质量目标。目标要层层分解，落实到每个分项、每个工序，落实到每个部门、每个责任人，并明确目标的实施、检查、评价和考核办法。

（2）建立管理组织机构和职责，即建立项目质量管理体系。组织机构要符合承包合同的约定，并适合于本工程项目的实际需要，人员选配要重视发挥整体效应，有利于充分体现团队的能力。

（3）工程项目质量管理的依据。

（4）影响工程质量因素和相关设计、施工工艺和施工活动分析。

(5) 人员、技术、施工机具及设施资源的需求和配置。
(6) 进度计划及偏差控制措施。
(7) 施工技术措施和采用"四新"技术的专项方法。
(8) 工程设计施工质量检查和验收计划。
(9) 质量问题及违规事件的报告和处理。
(10) 突发事件的应急处置。
(11) 信息、记录及传递要求。
(12) 与工程建设相关方的沟通、协调方式。
(13) 应对风险和机遇的专项措施。
(14) 质量控制措施。
(15) 工程施工其他要求等。

(二) 施工质量计划的内容

质量计划是质量管理体系文件的组成内容。在合同环境下，质量计划是企业向顾客表明质量管理方针、目标及其具体实现的方法、手段和措施的文件，体现企业对质量责任的承诺和实施的具体步骤。

1. 施工组织设计（质量计划）的形式和分类

我国除了已经建立质量管理体系的施工企业采用将施工质量计划作为一个独立文件的形式外，通常还采用在工程项目施工组织设计或施工项目管理实施规划中包含质量计划内容的形式。

施工组织设计或施工项目管理实施规划之所以能发挥施工质量计划的作用，是因为根据工程项目的技术经济特点，每个工程项目都需要进行施工生产过程的组织与计划，包括施工质量、进度、成本、安全等目标的设定，实现目标的步骤和技术措施的安排等。因此，施工质量计划所要求的内容，理所当然地被包含于施工组织设计或项目管理实施规划中，而且能够充分体现施工项目管理目标（质量、工期、成本、安全）的关联性、制约性和整体性。

(1) 作用：施工组织设计是指导施工全过程中各项施工活动的技术和经济综合性文件，目的是按预期设计有条不紊地展开施工活动，使履行承包合同约定时能按期、优质、低耗、节能、绿色、环保等各项指标在工程建设中得到有效保证，从而使企业得到良好的经济效益，也可获得被认同的社会效益。

(2) 类型

1) 施工组织总设计。一般以若干单位工程组成的群体工程或特大型项目为对象编制的施工组织设计，对整个项目施工过程起统筹规划、重点控制的作用，是编制单位工程施工组织设计和专项施工组织设计的依据，如住宅小区、体育中心等。

2) 单位工程施工组织设计。一般以单位（子单位）工程为对象编制的施工组织设计，对单位（子单位）工程的施工过程起指导和制约作用。对于已经编制了施工组织总设计的项目，单位工程施工组织设计应是施工组织总设计的进一步具体化，直接指导单位工程的施工管理和技术经济活动，要根据施工组织总设计指导原则来编制。

3) 专项工程施工组织设计。一般以技术难度较大、施工工艺较复杂、采用新工艺或新材料的分部或分项工程为对象，因此专项工程施工组织设计也称为施工方案，按施工方案所指导的内容可分为专业工程施工方案和专项工程施工方案两大类。

2. 编制依据

（1）与工程建设有关的法律、法规和文件。
（2）国家现行有关标准和技术经济指标。
（3）工程施工合同及相关的协议。
（4）已批准的初步设计及有关的图纸资料。
（5）工程概算和主要工程量。
（6）设备清单及主要材料或大宗材料清单。
（7）现场情况调查资料。
（8）新材料、新工艺的使用说明或试验资料。
（9）施工企业的生产能力和技术水平等。
（10）其他。

3. 编制的主要内容

施工组织总设计和单位工程施工组织设计编制的内容基本相似，仅施工组织总设计编制时整个工程项目的建设处于早期阶段，有些资料不够完整，如有的单位工程还处于初步设计中，不能提供施工图纸，所以其是一个框架性的指导文件，要在实施中不断补充完善，而单位工程施工组织设计编制时其所有编制依据和资料基本齐全，编制的文件内容翔实，具有可操作性。具体详见《建筑施工组织设计规范》GB/T 50502—2009。

（1）工程概况：包括工程的性质、规模、地点、建设期限、各专业设计简介，工程所在地的水文地质条件和气象情况，施工环境分析，施工特点或难点分析等。

（2）施工部署：包括确定施工进度计划、质量和安全目标、确定施工顺序和施工组织管理体系、确定环境保护和降低施工成本措施等。

（3）施工进度计划：统筹确定和安排各项施工活动的过程和顺序、起止时间和相互衔接关系，可用实物工程量或完成造价金额表达，并以横道图、网络图或列表表示。

（4）施工准备计划：包括技术准备、物资准备、劳动组织准和施工现场准备等。

（5）主要施工方案：包括主要施工机械的选配、季节性施工的步骤和防台防雨措施、构件配件的加工订货或自行制作的选定，重要分项工程施工工艺及工序的确定，以及样板区的选定。

（6）确定各项管理体系的流程和措施，包括技术措施、组织措施、质量保证措施和安全施工措施等。

（7）说明各项技术经济指标。

（8）绘制施工总平面布置图，并说明哪些是全局性不随工程进展而变动的部分，哪些要随工程进展而需迁移更动的部分。其内容包括施工现场状况，存贮、办公和生活设施，现场运输道路和消防通道布置，供电、供水、排水、排污等主干管网或线路的安排，以及

三、施工质量计划的内容和编制方法

与工程相邻的地上、地下环境条件。

（9）依据企业管理规章制度结合工程项目实际情况和承包合同约定，指明需补充修正的部分，其内容仅本工程适合应用。

（三）施工质量计划的编制方法及实施

本节对施工质量计划的编制流程和计划的实施要点作出介绍。

1. 编制的流程

（1）施工组织设计由项目负责人主持编制，在征得建设单位同意的情况下，施工单位可根据需要分阶段编制和审批施工组织设计。

（2）施工组织总设计由总承包单位技术负责人审批；单位工程施工组织设计由施工单位技术负责人或技术负责人授权的技术人员审批，专项工程施工组织设计（施工方案）由项目技术负责人审批；重点、难点专项工程施工组织设计（施工方案）由施工单位技术部门组织相关专家评审，施工单位技术负责人批准。

（3）由专业承包单位施工的分部（分项）工程或专项工程的施工方案，应由专业承包单位技术负责人或技术负责人授权的技术人员审批；有总承包单位时，应由总承包单位项目技术负责人核准备案。

（4）在《建设工程安全生产管理条例》中规定：对下列达到一定规模的危险性较大的分部（分项）工程编制专项工程施工方案，并附具安全验算结果，经施工单位技术负责人、总监理工程师签字后实施。有总承包单位时，应由总承包单位项目技术负责人及分包单位技术负责人共同审核签字：

① 基坑支护与降水工程。

② 土方开挖工程。

③ 模板工程。

④ 起重吊装工程。

⑤ 脚手架工程。

⑥ 拆除爆破工程。

⑦ 国务院建设行政主管部门或者其他有关部门规定的其他危险性较大的工程。

以上所列工程中涉及深基坑、地下暗挖工程、高大模板工程的专项施工方案，施工单位还应当组织召开专家论证会对专项方案进行论证。实行总承包的，由施工总承包单位组织召开专家论证会。专家论证前专项施工方案应当通过施工单位审核和总监理工程师审查。

除上述《建设工程安全生产管理条例》中规定的（分部、分项）工程外，施工单位还应根据项目特点和地方政府部门有关规定，对具有一定规模的重点、难点分部（分项）工程进行相关论证。

（5）规模较大的分部（分项）工程和专项工程的施工方案应按单位工程施工组织设计进行编制和审批。

（6）在项目施工过程中，当工程设计有重大修改；有关法律、法规、规范和标准实施、修订和废止；主要施工方法有重大调整；主要施工资源配置有重大调整；施工环境有重大改变等情况发生时，施工组织设计应及时进行修改或补充，经修改或补充的施工组织设计应重新审批后实施。

2. 质量计划的实施要点

（1）执行计划要职责分工，各负其责，当然执行前要宣传、交底、取得共同的理解和认同。

（2）执行中要加强监督检查，检查应明确检查内容和检查的频次，监督检查要有重点，重点是指工程的关键部位，作业的特殊工序、质量问题发生概率大的方向。

（3）注意计划在执行中的修正，修正的起因有工程的变更、承包合同的修订、人员或物资的调整等。修正后的计划按程序文件规定经审核批准后才能执行。

四、工程质量控制的方法

本章对工程质量控制的两个方面,即影响工程质量因素的控制和施工过程中事前、事中、事后三个阶段的控制,描述其具体方法,并对施工质量控制点的设置原则作出说明。

(一)影响质量的主要因素

本节阐述影响质量因素即人、机、料、法、环五大因素的控制原则,通过学习以利实践中掌握应用。

1. 影响质量的主要因素

从宏观上分析,影响工程质量的因素主要有施工人员、施工用机械、施工用材料、施工的方法、施工作业环境等五个方面,简称人、机、料、法、环(4M1E)。

(1)人的因素:这里讲的"人",是指直接参与施工的决策者、管理者和作业者。施工质量控制应以控制人的因素为基本出发点。作为控制对象,人的工作应避免失误;作为控制动力,应充分调动人的积极性,发挥人的主导作用。在工程项目质量管理中人的因素起决定性的作用。

(2)材料的因素(含设备):材料包括工程材料和施工用料,又包括原材料、半成品、成品、构配件和周转材料等。设备是指工程设备,是组成工程实体的工艺设备和各类机具。

(3)机械的因素:机械主要是指施工机械和各类工器具,包括施工过程中使用的运输设备、吊装设备、操作工具、测量仪器、计量器具等。

(4)方法的因素:施工方法包括施工技术方案、施工工艺、工法和施工技术措施等。

(5)环境的因素:环境的因素主要包括现场自然环境因素、施工质量管理环境因素和施工作业环境因素。环境因素对工程质量的影响,具有复杂多变和不确定性的特点。

1)现场自然环境因素:主要指工程地质、水文、气象和周边建筑、地下障碍物以及不可抗力等因素。

2)施工质量管理环境因素:主要指施工单位质量保证体系、质量管理制度和各参建方之间的协调等因素。

3)施工作业环境因素:主要指施工现场给水排水条件,各种能源介质供应,施工通风、照明、安全防护设施,施工场地条件,通道及交通运输条件等因素。

2. 主要影响质量因素的控制内容和方法

(1)施工人员的控制

根据施工合同、工程特点和技术要求编制人员需求计划,建立人员资格控制台账;对关键、特殊过程施工人员的资格进行设定和控制,施工前对有持证要求的岗位人员进行操作技能考核测试；施工前组织业务培训和技术交底，明确技术质量要求；施工过程中对人员的工作质量、产品质量进行跟踪抽检及数据监测，及时采取措施；对人员的质量意识、职业道德等进行过程监督评价，实施质量奖惩制度。

（2）工程材料、设备的控制

审核材料计划和供应商的营业执照、资质证书、供货能力等，明确产品生产标准及特殊要求；对材料设备采购合同进行评审，确定满足工程需要；对进场材料和设备进行检查验收，建立登记台账，报验手续齐全；制定材料储存、发放制度，对材料进行标识及可追溯性控制。

（3）施工机具设备的控制

编制适用于工程实际所需的机具设备计划，确定数量和性能要求；对进场机具设备进行验收，建立管理台账；保证机具设备处于完好状态，定期保养、及时维修，并做好维保记录；验证检测仪器设备的检定、校准状态，保证满足所需精度要求；制定机具设备操作规程，并监督其正确使用。

（4）施工方法的控制

论证施工组织设计、施工方案、作业指导书的可行性，确定质量控制点设置及检验批、分项、分部、单位工程划分的准确性；掌控关键特殊工程和分包商的施工能力，制订预防措施；对施工图纸进行会审，控制设计变更；采用BIM技术进行三维碰撞分析。

（5）施工环境的控制

对影响工程质量的自然条件，包括风、雨、温度、湿度、粉尘等，采取有效的控制措施；合理规划施工现场，施工场地照明、通风、排水、交通运输、安全防护等条件良好。

（二）施工质量的控制

本节对施工质量控制及其基本方法作出介绍，以利于在实践中掌握应用。

质量控制是在明确的质量目标的条件下通过行为方案和资源配置的计划、实施、检查和监督来实现预期目标的过程。其基本原则是预防为主，防控结合。

1. 质量控制的基本环节

施工质量控制应贯彻全面、全员、全过程质量管理的思想，运用动态控制原理进行事前控制、事中控制、事后控制，其主要内容如下。

（1）事前质量控制

事前质量控制是指在正式施工前进行的事前主动质量控制，通过编制施工质量计划明确质量目标，制定施工方案设置质量控制点，落实质量责任，分析可能导致质量目标偏离的各种影响因素，针对影响因素制定有效的预防措施，防患于未然。

（2）事中质量控制

事中质量控制是指在施工质量形成过程中，对影响施工质量的各种因素进行全面的动态控制。其目标是确保工序质量合格，杜绝质量事故发生，控制的关键是坚持质量标准；控制的重点是工序质量、工作质量和质量控制点的控制。事中质量控制的策略是：全面控制施工过程，重点控制工序质量。具体措施是：工序交接有检查，质量预控有对策，施工项目有方案，技术措施有交底，图纸会审有记录，设备材料有检验，隐蔽工程有验收，计量器具校正有复核，设计变更有手续，材料代换有制度，质量处理有复查，成品保护有措施，行使质控有否决（发现质量异常、隐蔽工程未经验收、质量问题未处理、擅自变更设计图纸、擅自代换材料、无证上岗等，均应对质量予以否决）；质量文件有档案（凡是与质量有关的技术文件，如图纸会审记录、材料合格证明、试验报告、施工记录、隐蔽工程记录、设计变更记录、调试/试压运行记录、试车运转记录、竣工图等都要编目建档）。

（3）事后质量控制

事后质量控制是指在完成施工过程形成产品的质量控制，其内容有对质量活动结果的评价、认定和对质量偏差的纠正，对不合格产品进行整改和处理。重点是发现施工质量方面的缺陷，并通过分析提出质量改进的措施，保持质量处于受控状态。

施工质量的事前、事中、事后控制不是相互孤立和截然分开的，它们共同构成有机的系统过程，实质上也是质量管理 PDCA 循环的具体化表现，在每一次滚动循环中不断提高，达到质量管理和质量控制的持续改进。

2. 施工项目质量控制基本方法

施工项目质量控制的方法，主要是审核有关技术文件、报告和直接进行现场检查或必要的试验等。

（1）审核有关技术文件、报告、报表或记录

对技术文件、报告、报表、记录的审核，是对工程质量进行全面控制的重要手段，具体内容有：

1）技术资质证明文件；

2）开工报告，并经现场核实；

3）施工组织设计和技术措施；

4）有关材料、半成品的质量检验报告；

5）工序质量动态的统计资料或控制图表；

6）设计变更、修改图纸和技术核定书；

7）有关质量问题的处理报告；

8）有关应用新工艺、新材料、新技术、新机具的技术鉴定书；

9）有关工序交接检查，分项、分部工程质量检查报告；

10）现场有关技术签证、文件等。

（2）现场质量检查

1）现场质量检查的内容

① 开工前检查。目的是检查是否具备开工条件，开工后能否连续正常施工，能否保证工程质量。

② 工序交接检查。对于重要的工序或对工程质量有重大影响的工序，应严格执行"三检"制度（即自检、互检、专检）。

③ 隐蔽工程检查。必须在完成施工质量自检的基础上，提前通知项目监理机构进行检查验收，然后才能进行工程隐蔽工程的施工。未经过项目监理机构检查验收合格，不得进行工程隐蔽。

④ 停工后复工前的检查。因客观因素停工或处理质量事故等停工时，应经检查认可后方能复工。

⑤ 分项、分部工程完工后，应经检查认可，签署验收记录。

⑥ 成品保护检查。检查成品有无保护措施，或保护措施是否可靠。

此外，还应经常深入现场，对施工操作质量进行巡视检查。必要时，还应进行跟班或追踪检查。

2) 现场质量检查的方法

现场进行质量检查的方法有目测法、实测法和试验法三种。

① 目测法。其手段可归纳为看、摸、敲、照四个字。

② 实测法。实测检查法的手段，可归纳为靠、吊、量、套四个字。

③ 试验检查。指必须通过试验手段，对质量进行判断的检查方法。

（三）质量控制点的设置

本节介绍工程质量控制点设置的原则及分类。

1. 定义和特性

质量控制点是指施工过程中需要进行重点控制的对象或实体。质量控制点动态特性，它是对施工期间需要重点控制的质量特性、关键部位、薄弱环节，以及主导因素等采取特殊的管理措施和方法实行强化管理，使工序处于良好控制状态，确保达到规定的质量要求。

（1）质量控制点的定义

质量控制点是指为了保证工序质量而需要进行控制的重点，或关键部位或薄弱环节，以便在一定时期内、一定条件下进行强化管理，使工序处于良好的控制状态。

（2）质量控制点的动态特性

动态特性是指在工程开工前、设计交底和图纸会审时，可确定项目的一批质量控制点，随着工程的展开、施工条件的变化，随时或定期进行控制点的调整和更新。同时，应用动态控制原理，落实专人负责跟踪和记录控制点质量控制的状态和效果，并及时向项目管理组织的高层管理者反馈质量控制信息，保持施工质量控制点的受控状态。

2. 设置与管理

（1）质量控制点的设置

质量控制点应选择那些技术要求高、施工难度大、对工程质量影响大或是发生质量问题时危害大的对象进行设置。一般选择下列部位或环节作为质量控制点。

1) 对工程质量形成过程产生直接影响的关键部位、工序、环节及隐蔽工程。
2) 施工过程中的薄弱环节，或者质量不稳定的工序、部位或对象。
3) 对下道工序有较大影响的上道工序。
4) 采用新技术、新工艺、新材料的部位或环节。
5) 对施工质量无把握的、施工条件困难的或技术难度大的工序或环节。

6）用户反馈指出的和过去有过返工的不良工序。

（2）质量控制点的管理

首先，要做好质量控制点的事前质量预控工作，包括：明确质量控制的目标与控制参数；编制作业指导书和质量控制措施；确定质量检查检验方式及抽样的数量与方法；明确检查结果的判断标准及质量记录与信息反馈要求等。

其次，要向施工作业班组进行认真交底，使每一个控制点上的作业人员明白施工作业规程及质量检验评定标准，掌握施工操作要领；在施工过程中，相关技术管理和质量控制人员要在现场进行重点指导和检查验收。为保证质量控制点的目标实现，应严格按照"三检制"进行检查控制。在施工中发现质量控制点有异常时，应立即停止施工，召开分析会，查找原因采取对策予以解决。

最后，质量控制点还要按照不同的性质和管理要求，细分为"见证点"和"待检点"进行施工质量的监督和检查。凡属"见证点"的施工作业，如重要部位、特种作业、专门工艺等，必须在该项作业开始前，书面通知监督管理单位到位旁站，见证施工作业过程；凡属"待检点"的施工作业，如隐蔽工程等，必须在完成施工质量自检的基础上，提前通知监督管理机构进行检查验收，然后才能进行工程隐蔽或下道工序的施工。

五、施工试验的内容、方法和判定标准

本章对房屋建筑设备安装工程中各专业的施工试验的内容、方法和判定标准作简明介绍，供学习者在实践中参考应用。

（一）概述

本节对施工试验的依据、分类及施工试验结果判定的原则作出介绍，供学习者参考应用。

1. 施工试验项目的确定

施工试验的目的是对施工活动的结果进行鉴别是否符合预期的要求，即是说对施工形成的工程实体（包括成品、半成品、中间产品等）的安全指标、质量指标和功能等进行判定是否符合相关规范、标准的规定和设计的要求，于是施工试验项目的确定有以下几个方面：

（1）主要是依据现行的施工质量验收规范类的技术标准。

（2）工程承包合同内约定的有关试验的条款。

（3）"四新"技术应用而尚未在标准内反映施工试验要求，需在作业指导书中作出施工试验的具体规定。

2. 施工试验的分类

（1）按时间阶段划分，设备安装工程的施工试验可分施工准备阶段的施工试验，如设备材料进场验收时的检验、又如给水工程阀门安装前的强度和严密性试验；施工过程中的施工试验，如电气照明工程灯具接线前对电线绝缘强度的测试，又如隐蔽的排水管道在隐蔽前要做灌水试验；最终交工验收阶段的施工试验，即各类的试运行，如通风与空调设备单机试运行和风管出风口的风量分配调试和测量，又如电气工程变配电所的电气调整试验，即交接试验。

（2）按试验状态划分，可分为静态试验和动态考核两类。

1）静态试验，是指已建成的工程实体，启动设备不运转、管路内介质不流动、线缆内电流不流通的一种对承载能力的试验。如给水管道的强度和严密性试验、排水管道的通球试验、电线电缆的耐压强度试验、通风管道的漏光检测试验、消防喷淋管网的强度试验、智能化工程元器件的单体校验等。

2）动态考核，是指已建成的工程实体，启动设备受动力驱动而运转、管路内有介质按设计要求而流动、线缆通电电气装置动作的一种功能性的考核，目的是鉴别其功能是否符设计预期要求。动态考核又分为单机试运转、系统联合试运转、无负荷试运转、负荷试运转等。如模拟生产或使用的试运转又称为试运行。

① 单机试运转，是指单个动设备的试运转，不与管路或其他装置联动，甚至可以临时地拆开，仅试验设备自身的性能是否符合规定要求。如水泵、风机的单体运转、用以考核其振动、部件的温升，又如冷水机组、锅炉的试运转时不向外输出任何物料，亦属于单机试运转。

② 系统联合试运转，是指动设备与管路或其他装置联动一起进行考核，运转时系统内有物料流动，用以考核每个系统是否能符合设计规定的功能要求。如配电柜的每条馈电线路是否能通过自动开关经电缆将电源供给的电能顺利地送至用电点，又如给水泵能否经管路将地下水池的清水泵送至屋顶的高位水箱等。这样试运转的特征是按每个系统进行。

③ 无负荷试运转，所谓负荷，是指房屋建筑安装工程的工程实体的出力，例如水泵及其输送管路的流量、电线电缆的电流、通风风口的风量等，这些量化了的指标都是在工程设计时给予确定的。无负荷试运转是指试运转时工程实体基本无出力或出力很小，只是考核其联动状态是否正常，控制是否可靠正确，能否可以持续运行。但有的工程是无法无负荷试运行的，典型的是照明灯具的线路，只要灯具试亮，即负荷就是全部电流流过。

④ 负荷试运转，是指工程实体在设计确定的出力情况下进行试运转，这是最终检验设备材料制造、安装施工和工程设计的质量及性能是否能满足用户需要的关键试运转。有些工程负荷试运转要在建筑物投入使用后才能真实反映试运转的实际效果，比如影剧院的演出大厅的通风与空调工程只有在足够的观众出席情况下才能得出负荷试运转的真实效果。

3. 施工试验的判定标准

（1）房屋建筑设备安装各专业的施工质量验收规范、施工及验收规范等的技术标准。
（2）主要材料、设备的制造技术标准。
（3）施工设计中有关施工试验的说明。

（二）各专业的施工试验

本节对房屋建筑设备安装工程中各专业的施工试验作原则性的介绍，并对每个专业的常用的主要的施工试验作方法和标准的介绍，供学习者在实际工作中参考应用。

1. 设备安装关键材料的试验

（1）房屋建筑设备安装工程在施工准备阶段中施工用材料、设备进场验收的主要方法是查验合格证、强制认证证明书等技术文件和进行外观检查，外观检查除验证设备材料的完整性和完好性外，并对外形尺寸进行必要的可行的检测。

（2）如对进场的设备材料的制造质量存疑或参与验收的各方对产品质量有异议（主要是指化学成分、机械强度、安全性能等方面），则要送有资质的试验室进行检测，以判定其质量是否符合要求，这就是第三方检测，其结果有法定的效力。

2. 建筑给水排水工程的试压、通球、灌水、冲洗、清扫、消毒试验

（1）给水工程试压

1) 试压标准

① 室内给水管道的水压试验必须符合设计要求，当设计未注明时，各种材质的给水管道系统试验压力均为工作压力的 1.5 倍，但不得小于 0.6MPa。

A. 金属及复合管给水管道系统在试验压力压观测 10min，压力降不应大于 0.02MPa，然后降到工作压力进行检查，应以不渗不漏为合格。

B. 塑料管给水系统应在试验压力下稳压 1h，压力降不得超过 0.05MPa，然后在工作压力的 1.15 倍状态下稳压 2h，压力降不得超过 0.03MPa，同时检查各连接处，以不得渗漏为合格。

② 室外给水管网必须进行水压试验，试验压力为工作压力的 1.5 倍，但不得小于 0.6MPa。

A. 管材为钢管、铸铁管时，试验压力下 10min 内压力降不应大于 0.05MPa，然后降至工作压力进行检查，压力应保持不变，以不渗不漏为合格。

B. 管材为塑料管时，试验压力下，稳压 1h 压力降不大于 0.05MPa，然后降至工作压力进行检查，压力应保持不变，以不渗不漏为合格。

2) 注意事项

① 试压用设备（试压泵）应处于完好状态，包括电动泵的保护接地装置要可靠，观测用的压力表通常用 2 块，并检定合格在有效期内。

② 室内管网试压要把试压泵设在首层或室外管道入口处。

③ 在管网的顶部要设放气阀门，管网试压充水时应通过放气阀排净管网内空气，充水完毕关闭放气阀门。

④ 室外给水管道试压一般长度不得超过 1000m，试压时管道上已覆土不小于 0.5m（管道接口处除外），试压时管道两端及弯头等后背顶撑处严禁站人，以保安全。

⑤ 室外铸铁给水管试压要在管内充水 24h 后进行。

⑥ 试压时应缓慢升压，注意管网有无变形情况。

⑦ 试压结束，要把管网内水泄净，尤其在冬季，试压要采取有效的防冻措施。

(2) 给水管道的冲洗

1) 管道系统的冲洗应在管道试压合格后，调试、运行前进行。

2) 管道冲洗进水口及排水口应选择适当位置，并能保证将管道系统内的杂物冲洗干净为宜。泄放排水管的截面积不应小于被冲洗管道截面积的 60%，管子应接至排水井或排水沟内。

3) 冲洗时，以系统内可能达到的最大压力和流量进行，流速不小于 1.5m/s，直到出口处的水色和透明度与入口处目测一致为合格。

(3) 给水管道的消毒

1) 生活给水系统在交付使用前必须进行消毒，以含 20～30mg/L 游离氯的清洁水浸泡管道系统 24h，放空后再用清洁水冲洗，并经水质管理部门化验合格，水质应符合现行国家标准《生活饮用水卫生标准》GB 5749。

2) 在以瓶装液氯制备消毒液时，要注意防止氯气外泄，污染环境，危害作业人员的健康。

3) 消毒液的排放要先处理后排放，防止发生水环境的污染事件。

（4）排水管道的灌水试验

1）室内隐蔽或埋地的排水管道隐蔽前必须做灌水试验，其灌水高度应不低于底层卫生器具的上边缘或底层地面高度。

2）室内雨水管应根据管材和建筑物高度选择整段方式或分段方式进行灌水试验。整段试验的灌水高度应达到立管上部的雨水斗，当立管高度大于 250m 时，应对下部 250m 高度管段进行灌水试验，其余部分进行通水试验。灌水达到稳定水面后观察 1h，以管道无渗漏为合格。

3）室外排水管道埋土前必须做灌水试验，按排水检查井分段试验，试验水头应以试验段上游管顶加 1m，时间不少于 30min，逐段观察，管接口无渗漏。

（5）室内排水管道通球试验

1）排水的主立管和水平干管均应做通球试验，通球率必须达到 100%。

2）通球的球径不小于排水管道管径的 2/3，建议采用木制或塑料制成。

（6）室内排水管道的通水试验

室内排水系统安装完成后，应按施工方案进行通水试验，排水应畅通无堵塞现象，同时也对排水系统作一次清扫。

3. 建筑电气工程的通电试运行

建筑电气工程通电试运行包括变配所及其馈电线路的通电试运行、照明工程的通电试运行和电动机的通电试运行。

（1）变配电所及其馈电线路的通电试运行

1）试运行前高低压电气设备及馈电线路必须经电气交接试验，且合格，并已出具交接试验合格报告；同时已向当地供电管理部门提出申请，并经其用电安全检查确认为合格后才能进行通电试运行。

2）变压器的试运行。

① 变压器受电要经五次空载高压全电压冲击合闸。第一次合闸受电时间应持续 10min 以上，励磁涌流不应引起保护装置误动作，通电时变压器的声响应正常。第一次合闸与第二次合闸时间的间隔一般为 5min，以后每次合闸受电时间持续 5min，受电间隔时间 3min，冲击试验正常后，变压器宜空载运行 24h。

② 并列运行的变压器，在并列前应核对相位。

③ 带负荷试验是考验差极性的有效手段，带上变压器额定容量的 20% 的稳定负荷即可进行试验，确认极性正确后，投上差动压板。

④ 超温保护是干式变压器非电量保护的主保护，因而变压器的温度控制器应单独校验合格，其整定值由使用单位提供。

3）高低压配电柜试运行。

① 高压受电由供电部门将电源送至高压进线开关上桩头，经验电、核相无误后，由施工单位合进线柜开关。

② 检查电压互感器柜（PT）上三相电压是否正常。

③ 合变压器柜开关，检查变压器是否已受电。

④ 低压柜出线空载，合低压柜进线开关，检查电压表低压三相电压应正常。

⑤ 低压联络开关柜的开关应核相无误。
⑥ 低压开关柜全部受电应正常。
4）低压馈电线路试运行。
① 馈电线路受电前应绝缘检测合格。
② 馈电线路负荷端应空载。
③ 馈电线路受电前负荷端应有专人值守，防止送电发生人身安全事故。
④ 每条馈电线路冲击合闸 3 次，正常后才能投入运行。
（2）照明工程的通电试运行
1）照明通电试运行通常以末端照明配电箱为一个试运行单元。
2）公共建筑照明系统通电连续试运行时间应为 24h，住宅照明系统通电连续试运行时间为 8h，单元内所有照明灯具应同时开启，且应每 2h 按回路记录运行参数，连续试运行时间内应无故障。
3）对有照度测试要求的场所，试运行时应检测照度，并对比是否符合设计要求。
（3）电动机的通电试运行
1）电动机试运行前应检测绝缘电阻，不低于 0.5MΩ。
2）电动机的保护、控制、测量、信号等回路调试完成、动作正常。
3）试运前应手动盘车，电动机转子转动灵活，无碰卡现象。
4）电动机试运行应先做空载试运行，先点启动检查转向，转向符合要求，空载试运行 2h，无异常则可投入负荷试运行，空载试运行时要记录电流、电压、温度、轴承温度等各项参数。
5）电动机负荷试运行，在冷态时可连续启动 2 次，在热态时只能连续启动 1 次，再次启动必须待电动机冷却至常温下进行。
6）电动机在试运行中应无杂声、无过热现象，振动的振幅、轴承的温升均应在允许范围内。

4. 通风与空调工程的风量测试和温度、湿度自动控制试验

（1）风管风量的测定（以矩形风管为例）

$$Q = 3600Fv \ (m^3/h)$$

式中　Q——风管风量，m^3/h；
　　　F——风管测定断面面积，m^2；
　　　v——测定断面的平均速度，m/s（测定风速使用的仪表主要有毕托管、微压计、叶轮风速仪和热球式风速仪）。

1）首先进行测定断面的选择，测定断面应选择在气流均匀的直管段上，离开产生涡流的局部部位有一定的距离，以免受局部阻力的影响。即按气流方向，在局部阻力之后大于或等于 4～5 倍管径（或矩形风管大边尺寸），在局部阻力之前大于或等于 1.5～2 倍管径（或矩形风管大边尺寸）的直管段上。当条件受到限制时，距离可适当缩短，但也应使测定断面到前局部构件的距离大于测定断面到后局部构件的距离，同时应适当增加测定断面上测点的数目。

2）然后确定断面的测点，在测点断面各点的气流速度是不相等的，因此应选择有代表性的测点，在测点断面内，确定测点的位置和数目。

3) 矩形断面测点的位置图

如图 5-1 所示，可将测定断面划分为若干个接近正方形的面积相等的小断面，其面积一般不大于 $0.05m^2$（即每个小断面的边长为 200～250mm，最好小于 200mm），测点位于各小断面的中心。$V=(V_1+V_2+\cdots+V_n)/n$，n 为小断面数。

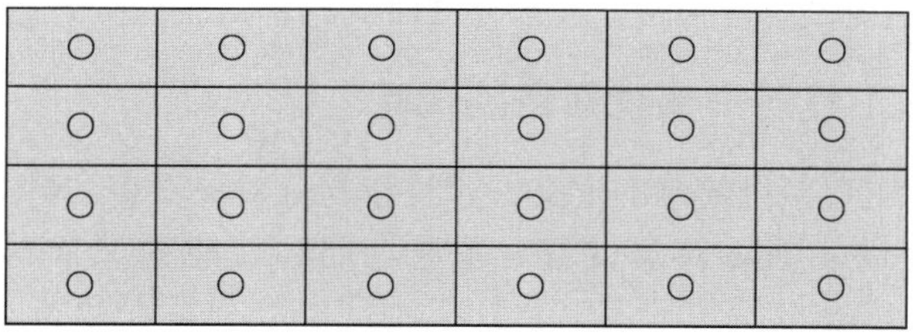

图 5-1　矩形风管断面划分图

(2) 系统风量测定和调整平衡应达到的要求

1) 风口的风量、新风量、回风量、排风量的实测值与设计风量的允许值不大于 10%。

2) 新风量与回风量之和应近似等于总的送风量，或各送风量之和。总送风量应略大于回风量和排风量之和。

3) 系统风量测定包括风量及风压测定，系统总风压以测量风机前后的全压差为准；系统总风量以总风压的风量为准。

在系统风量达到平衡后，进一步调整通风机的风量，使其满足空调系统的要求。

(3) 室内速度分布、温度分布、相对湿度和噪声的测定

1) 速度的测定：气流速度的测定采用热球式风速仪，测定时，将测头置于各测点测出气流速度的大小。

2) 温度的测定：可用温度计主要测出工作区不同高度平面上的温度，绘出平面温差图，进而确定不同平面中区域温差值。

3) 室内相对湿度的测定：相对湿度测点的布置同速度分布。可使用热电阻干球温度计或 DHJ1 自记毛发湿度计。

4) 室内噪声的测定：用声级计测定，其测定点以房间中心离地面高度 1.2m 处。

5. 自动喷水灭火系统火灾报警试验和消火栓系统水枪喷射试验

(1) 自动喷水灭火系统火灾报警试验（以湿式自动喷水灭火系统为例）

1) 在每个报警阀组控制的最不利点喷头处和防火分区或楼层的最不利点喷头处设置有试水阀的试水装置，试水阀的口径为 25mm，所谓最不利点即从管网距供水最远处。

2) 试验时，在试水装置处打开试水阀放水，当湿式报警阀进水口压力大于 0.14MPa、放水流量大于 1L/s 时，报警阀应及时启动，水力警铃报警，压力开关动作向消控中心发出信号，有联动控制的应及时起动消防泵。

(2) 消火栓系统水枪喷射试验

1) 室内消火栓试射试验选取的位置是屋顶层（或水箱间内）的试验消火栓和首层的

两处消火栓。

2) 试验时管网系统达到设计的工作压力或通过水泵接合器消防水泵加压,均应符合工程设计预期要求。

3) 顶层试射的充实水柱:一般建筑不小于7m;甲、乙类厂房,六层以上民用建筑,四层以上厂房不小于10m;高层工业建筑与高架库房不小于13m。

4) 首层两处消火栓试射以检验充实水柱同时到达本消火栓应到达的最远点的能力。

6. 建筑智能化工程各子系统回路的试验

(1) 建筑智能化工程系统检测的定义:建筑智能化系统安装、调试、自检完成并经过试运行后,采用特定的方法和仪器设备对系统功能和性能进行全面检查和测试,并给出结论。

(2) 建筑智能化工程各子系统检测内容和要求:详见《智能建筑工程质量验收规范》GB 50339—2013 中 19 个子分部工程(子系统工程)相关的条款及规范附录 C 的有关规定执行。

六、质量问题的分析、预防及处理方法

本章介绍工程质量问题的类别及发生质量事故处理的程序，同时介绍质量问题的处理方式，以供学习者在施工中应用。

（一）质量问题的类别

本节对质量问题的定义和分类以及质量通病的概念作出介绍，以供学习者区分。

1. 施工质量问题的类别

（1）所谓施工工程的质量问题，是指对工程实体经检查发现质量有不符合规范标准的规定或不符合工程合同约定的现象。施工中出现的质量问题，应由施工单位负责整改。

（2）工程质量不合格

1）质量不合格和质量缺陷

根据我国国家标准《质量管理体系 基础和术语》GB/T 19000—2016 与《质量管理体系》ISO 9000：2015 的定义，工程产品未满足质量要求，即为质量不合格；而与预期或规定用途有关的质量不合格，称为质量缺陷。

2）质量问题和质量事故

凡是工程质量不合格，影响使用功能或工程结构安全，造成永久质量缺陷或存在重大质量隐患，甚至直接导致工程倒塌或人身伤亡，必须进行返修、加固或报废处理，按照由此造成人员伤亡和直接经济损失的大小区分，在规定限额以下的为质量问题，在规定限额以上的为质量事故。

（3）质量问题的识别

质量问题的识别就是检查工程实体质量时应采用的方法，或者称识别的方法，通常有以下几个环节。

1）标准具体化

标准具体化，就是把设计要求、技术标准、工艺操作规程等转换成具体而明确的质量要求，并在质量检验中正确执行这些技术法规。

2）度量

度量是指对工程或产品的质量特性进行检测度量。其中包括检查人员的感观度量、机械器具的测量和仪表仪器的测试，以及化验与分析等。通过度量，提出工程或产品质量特征值的数据报告。

3）比较

所谓比较，就是把度量出来的质量特征值同该工程或产品的质量技术标准进行比较，视其有何差异。

4）判定

判定就是根据比较的结果来判断工程或产品的质量是否符合规程、标准的要求，并作出结论。判定要用事实、数据说话，防止主观、片面，真正做到以事实、数据为依据，以标准、规范为准绳。

2. 房屋建筑安装工程常见的质量问题

（1）房屋建筑安装工程中常见的质量问题又称安装工程的质量通病，而这种通病不是一成不变的，由于材料设备和施工工艺的更新，通病的类别在不断变异，是一种动态的现象。

（2）由于本教材涉及专业多，篇幅有限，不能专门列出章节——阐明各专业的常见质量问题，而是在教材的管理实务（专业技能）部分的案例分析中列举了较多的通病表现形式，因而本节不再赘述。

（3）质量通病反映在不影响使用安全、使用功能和使用寿命的规范标准中的一般项目内，通常是观感不佳，给日常维护带来不便、与建筑艺术风格不协调等令人难以接受的现象，施工企业在自检中应给以整改。

3. 工程质量事故

根据住房和城乡建设部《关于做好房屋建筑和市政基础设施工程质量事故报告和调查处理工作的通知》（建质〔2010〕111号），工程质量事故是指由于建设、勘察、设计、施工、监理等单位违反工程质量有关法律法规和工程建设标准，使工程产生结构安全、重要使用功能等方面的质量缺陷，造成人身伤亡或者重大经济损失的事故。

工程质量事故具有成因复杂、后果严重、种类繁多、往往与安全事故共生的特点，建设工程质量事故的分类有多种方法，不同专业工程类别对工程质量事故的等级划分也不尽相同。按事故造成损失的程度分为特别重大事故、重大事故、较大事故、一般事故四个等级；按事故责任分为指导责任事故、操作责任事故、自然灾害事故。

（二）质量问题主要形成原因

本节对质量问题形成的主要原因及导致的后果作简明介绍，其大致有如下四类：

（1）技术原因：指引发质量事故是由于在项目勘察、设计、施工中技术上的失误。例如，地质勘察过于疏略，对水文地质情况判断错误，致使地基基础设计采用不正确的方案；结构设计方案不正确，计算失误，构造设计不符合规范要求；施工管理及实际操作人员的技术素质差，采用了不合适的施工方法或施工工艺等。这些技术上的失误是造成质量事故的常见原因。

（2）管理原因：指引发质量事故是由于管理上的不完善或失误。例如，施工单位质量管理体系不完善，质量管理措施落实不力，施工管理混乱，不遵守相关规范，违章作业，检验制度不严密，质量控制不严格，检测仪器设备管理不善而失准，以及材料质量检验不严等原因引起质量事故。

（3）社会、经济原因：指引发质量事故是由于社会上存在的不正之风及经济上的原因，滋长了建设中的违法违规行为，而导致出现质量事故。例如，违反基本建设程序，无立项、无报建、无开工许可、无招投标、无资质、无监理、无验收的"七无"工程，边勘察、边设计、边施工的"三边"工程，屡见不鲜，几乎所有的重大施工质量事故都能从这个方面找到原因；某些施工企业盲目追求利润而不顾工程质量，在投标报价中随意压低标价，中标后则依靠违法的手段或修改方案追加工程款，甚至偷工减料等，这些因素都会导致发生重大工程质量事故。

（4）人为事故和自然灾害原因：指造成质量事故是由于人为的设备事故、安全事故，导致连带发生质量事故，以及严重的自然灾害等不可抗力造成质量事故。

（三）质量问题的处理

本节对质量问题的处理程序和质量事故处理程序和方式作出介绍。

1. 质量问题处理的目的和程序

（1）目的
目的主要包括：
1）正确分析和妥善处理所发生的质量问题，以创造继续的施工条件；
2）保证建筑物、构筑物和安装工程的安全使用，减少事故的损失；
3）总结经验教训，预防事故重复发生。
（2）程序
程序如图 6-1 所示。

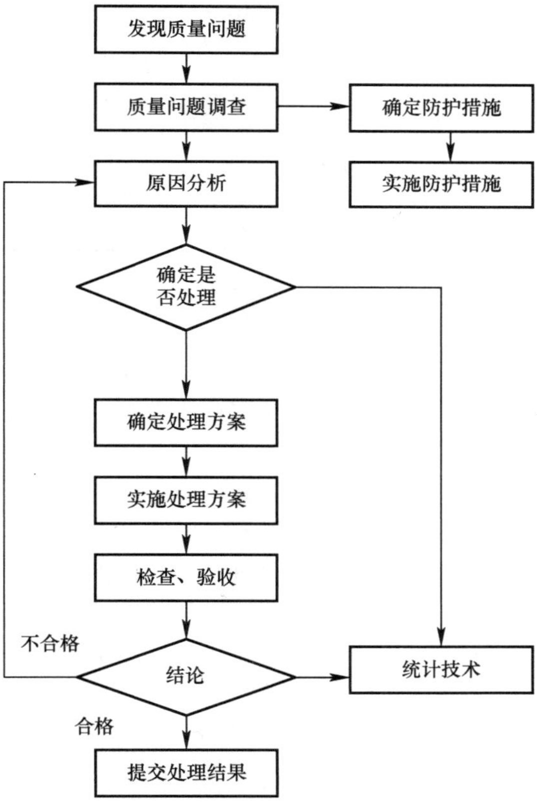

2. 质量问题不作处理的几种情况

不作处理的质量问题即分类中所指的质量缺陷，未构成事故的质量问题，其判定有以下几种情况。

（1）不影响结构安全，生产工艺和使用要求；
（2）某些轻微的质量缺陷，通过后续工序可以弥补的，可不处理；
（3）对出现的质量缺陷，经检测鉴定达不到设计要求，但经原设计单位核算仍能满足结构安全和使用功能。
（4）法定检测单位检定合格。

图 6-1 施工项目质量问题分析、处理的程序

3. 质量事故的处理

（1）事故报告
工程质量事故发生后，事故现场有关人员应当立即向工程建设单位负责人报告；工程

建设单位负责人接到报告后，应于1小时内向事故发生地县级以上人民政府住房和城乡建设主管部门及有关部门报告；如果同时发生安全事故，施工单位应当立即启动生产安全事故应急救援预案，组织抢救遇险人员，采取必要措施，防止事故危害扩大和次生、衍生灾害发生。情况紧急时，事故现场有关人员可直接向事故发生地县级以上政府主管部门报告。

（2）事故调查

事故调查要按规定区分事故的大小分别由相应级别的人民政府直接或授权委托有关部门组织事故调查组进行调查。未造成人员伤亡的一般事故，县级人民政府也可以委托事故发生单位组织事故调查组进行调查。事故调查应力求及时、客观、全面，以便为事故的分析与处理提供正确的依据。

（3）事故的原因分析

原因分析要建立在事故情况调查的基础上，避免情况不明就主观推断事故的原因。特别是对涉及勘察、设计、施工、材料和管理等方面的质量事故，事故的原因往往错综复杂，因此，必须对调查所得到的数据、资料进行仔细的分析，依据国家有关法律法规和工程建设标准分析事故的直接原因和间接原因，必要时组织对事故项目进行检测鉴定和专家技术论证，去伪存真，找出造成事故的主要原因。

（4）制定事故处理的技术方案

事故的处理要建立在原因分析的基础上，要广泛地听取专家及有关方面的意见，经科学论证，决定事故是否要进行技术处理和怎样处理。在制定事故处理的技术方案时，应做到安全可靠、技术可行、不留隐患、经济合理、具有可操作性、满足项目的安全和使用功能要求。

（5）事故处理

事故处理的内容包括：事故的技术处理，按经过论证的技术方案进行处理，解决事故造成的质量缺陷问题；事故的责任处罚，依据有关人民政府对事故调查报告的批复和有关法律法规的规定，对事故相关责任者实施行政处罚，负有事故责任的人员涉嫌犯罪的，依法追究刑事责任。

（6）事故处理的鉴定验收

质量事故的技术处理是否达到预期的目的，是否依然存在隐患，应当通过检查鉴定和验收作出确认。事故处理的质量检查鉴定，应严格按施工验收规范和相关质量标准的规定进行，必要时还应通过实际量测、试验和仪器检测等方法获取必要的数据，以便准确地对事故处理的结果作出鉴定，形成鉴定结论。

（7）提交事故处理报告

事故处理后，必须尽快提交完整的事故处理报告，其内容包括：事故调查的原始资料、测试的数据；事故原因分析和论证结果；事故处理的依据；事故处理的技术方案及措施；实施技术处理过程中有关的数据、记录、资料；检查验收记录；对事故相关责任者的处罚情况和事故处理的结论等。

4. 质量缺陷处理的基本方法

质量缺陷的处理有以下几种方式：

（1）返工处理：当工程质量缺陷经过修补处理后仍不能满足规定的质量标准要求，或不具备补救可能性则必须采取返工处理。

（2）返修处理：当工程的某些部分的质量虽未达到规定的规范、标准或设计的要求，存在一定的缺陷，但经过修补后可以达到要求的质量标准，又不影响使用功能或外观的要求，可采取修补处理的方法。

（3）加固处理：主要是针对危及承载力的质量缺陷的处理。

（4）限制使用：当工程质量缺陷按修补方法处理后无法保证达到规定的使用要求和安全要求，而又无法返工处理的情况下，不得已时可作出诸如结构卸荷或减荷以及限制使用的决定。

（5）不作处理：某些工程质量问题虽然达不到规定的要求或标准，但其情况不严重，对结构安全或使用功能影响很小，经过分析、论证、法定检测单位鉴定和设计单位等认可后可不作专门处理。

（6）报废处理：出现质量事故的工程，通过分析或实践，采取上述处理方法后仍不能满足规定的质量要求或标准，则必须予以报废处理。

下篇 专业技能

七、施工项目质量计划的编制

本章对施工项目质量计划的编制要求及其主要内容作出介绍，并通过案例分析锻炼学习者的编制技能。

（一）技能简介

本节介绍质量计划与施工组织设计的关系及质量计划的编制方法和流程，并对影响质量计划编制的因素作出简析。

1. 技能分析

（1）岗位知识教材中已明确了质量计划与施工组织设计的关系。

（2）房屋建筑设备安装工程的施工单位主要编制所承担施工的分部、分项工程的质量计划。

（3）分项或分部工程编制质量计划的目的和作用

1）项目的质量计划反映在施工组织设计中。

2）分项工程或分部工程是否要编制专门的质量计划，要依据工程的实际需要和业主的意见，即应满足顾客的需要。

3）质量计划的作用

① 为满足顾客的（业主的）要求，对顾客（业主）作出承诺。

② 组织实施质量计划，并获得预期的效果。

③ 以质量计划为依据，审核和评估相关部门或个人的绩效。

（4）合同约定与项目质量目标

1）现行建筑工程施工质量验收规范中规定，工程质量等级分为合格与不合格。工程质量关系着人民生命财产安全和社会稳定，工程质量验收不合格的工程不能交付使用。

2）为推动工程质量整体水平提高，倡导工程优质优价的激励机制，促进市场的良性竞争。施工企业要不断提高工程质量水平创造优质工程，建立品牌展示企业竞争实力。建设单位要评估其建设活动的成效，客观评价其投资建设的工程质量。社会公众也希望有一批能够代表建设领域的优质先进的建筑产品。于是有了各级的工程质量评优活动。按照《建筑工程施工质量评价标准》GB/T 50375—2016 的规定，在工程质量验收合格的基础上，通过对工程结构安全、使用功能、建筑节能和观感质量等进行综合核查，进行建筑工程施工质量优良等级的评价，指导规范各级工程质量评优活动。

3）建筑工程评优活动一般由各级政府部门或行业协会主导实施，分为国家级、省

（部）级、市（区）级等。工程质量创优等级已在工程建设质量目标和工程承包合同中明确，并附有达标与否的奖罚条款。

（5）工程实体构成对质量计划编制的影响

1) 所谓工程实体构成对质量计划编制的影响，是指施工企业针对已具有成熟的分项工程级的工艺标准情况和采用"四新"技术的情况，要区别对待编制质量计划的要求。

2) 已有的工艺标准等文件能满足质量计划中技术部分要求的，可直接在质量计划中指明采用的标准代号即可，不必全部照录，但必须要在质量计划中说明和补充组织管理部分，即说明如何执行。不同规模的房屋建筑安装项目，组织管理说明是不同的，要符合工程的具体情况的需要。

3) 如施工企业无合适的工艺标准等技术文件或首次采用"四新"技术，则在质量计划中要编写技术要求和管理要求两大部分，技术要求可按作业指导书、操作规程等的编写方法和规定编制，管理要求同样是为如何正确执行质量计划而编制，要解决组织、路径、检测、评价等方面的问题。

2. 分项工程质量计划编制

（1）编制步骤

1) 建立组织。主要是明确分工、落实责任、确定负责人、说明编制要求。

2) 制订计划。主要是确定文件的格式、体例和文件的质量要求，确定完成的日期。

3) 整理资料。主要是收集文件资料，包括图纸、合同、技术标准、安全规定和作业进度计划，以及施工机具状况和施工现场总平面布置，同时了解大宗物资的采购方向。

4) 按分工进行编写。分工是指水、电、风三大专业的分工，以及编写人员的分工。

5) 编写组内部初审。编写人员如期完成，由编写负责人组织内部初审。

6) 初审后改进。依据内审中的改进意见，由编写人员各自修正。

7) 上级审核批准。

（2）审核与批准

1) 审核与批准是质量计划编制工作中两个重要的工作环节，审核与批准的权限或责任人要在施工企业质量体系文件中有所体现，即有明确的规定。审核目的是在专业上进行把关，如审核中发现有缺陷，要发还并指明修改意见，修改后再报审批，审核后履行批准手续，经批准的质量计划在执行时具有行政上的合法性。

2) 编制好的质量计划是否要征得监理单位的确认，要在工程承包合同中或相关的洽商会谈记录中标明。

（3）检查与改进

1) 检查又称为跟踪检查，目的是查验分项工程的质量工作是否按计划进行，但计划与实施之间的差异是经常发生的正常现象，通过检查可以发现差异，不使差异扩大蔓延导致质量工作失误，有利于纠正改善，使分项工程的质量管理工作纳入正常的轨道。

2) 改进是对质量计划的纠正行为，有两种含义：一是在检查中发现执行有差异，及时分析原因，作出修正和改进质量计划，二是在制订同类型分项工程的质量计划时在编制工作中得到改进，使质量管理工作处在螺旋形上升通道中。值得提醒的是如改进的幅度大或较大，要征得原审核批准者的同意，这也是裁量质量员专业技术能力大小的一个方面。

（二）案例分析

本节以案例形式阐明质量计划编制中或执行中应关注的要点，通过学习使质量员在实践中提高工作能力。

1. 给水排水工程

（1）案例一

1）背景

A 公司是一个新组建的房屋建筑设备安装工程公司，承接了一旧住宅小区的给水管道改造工程、小区规模较大，因而工程量多，工作量大，涉及居民面大，影响广，其中户内给水管由已用旧的镀锌管改为 PP-R 管，虽然 A 公司在零星的小型工程中已施工过该类新型管材，但未形成公司的工艺标准，项目经理认为，如果安装 PP-R 管即使发生些微瑕疵，其影响面广，危及公司的质量信誉，因而决定专门为 PP-R 管安装制订分项工程质量计划。

2）问题

① 该项目的项目经理的决策是否明智？

② 分项工程质量计划编制有哪些基本步骤？

③ PP-R 管安装质量计划中技术部分有哪些要点？

3）分析与解答

① 项目经理的决策是对的，他从质量的影响程度和企业的质量信誉出发作出的决定是明智的，同时也分析了顾客隐含的需要，即给水工程经改造后，用户希望在质量上和使用功能上有所提升。还考虑到公司质量体系文件的规定，如没有企业的工艺标准，要编写包括技术要求和管理要求两部分的分项工程质量计划。

② 分项工程质量计划编制基本步骤包括建立组织，遴选合适人员；制订计划，确定编写完成日期；收集整理相关资料，有利于计划贴近实际；分工编写循序渐进；内审改进；最终上报审批。

③ PP-R 管安装的技术要求主要有以下几点：

A. 管材进场验收除进行外观完整性检查外，重点复核冷、热水管的压力等级和是否符合使用的环境条件，管材、管件的堆放高度要符合产品说明书的规定，通常不超过 1.5m。

B. 明装的管道横平竖直，与金属管卡或金属支架接触面间垫有塑料或橡胶的衬垫，暗敷的管道无丝扣或法兰的连接。

C. PP-R 管与管、管与配件的连接采用热熔连接，PP-R 管与金属管道、金属管件、卫生洁具配件等的连接要选用规格适配的带有金属嵌件的 PP-R 管件作过渡。

D. 热熔连接的质保措施如下：

（A）环境条件应无风、无扬尘。

（B）热熔工具状态完好，作业人员经培训。

（C）热熔管端保持清洁，依插入深度做出标记，确保热熔长度。

(D) 与热熔管端接触的管件（内）表面清洁、干燥、无油。
　　(E) 依据环境温度确定的热熔时间必须符合热熔工具制造商提供的使用说明书的规定。
　　(F) 热熔时管端无旋转地插入热熔工具加热套内，管件则推到加热头上，两者的加热长度或深度均在预定的标记线处。
　　(G) 加热时间达到后，取下管材与管件，迅速无旋转地直线均匀地将管端插入管件内，达到标记线处，使接头处形成均匀的凸缘。
　　(H) 熔接弯头或三通时要注意其方向，可以在管材或管件上做辅助标记线。
　　(I) PP-R管在支架上敷设，其固定间距与金属管道是不同的，必须查阅相关手册，严格执行。
　　(J) PP-R管在各配水点、受力点、穿墙支管节点等处，均应有管卡或支架固定。
　(2) 案例二
　1) 背景
　　B公司承建的别墅群地处丘陵山地，高低起伏，错落有致。因此其室外排水管网及相关的构筑物较复杂多样，土方测量开挖也与平原不一样，深浅差异大，如掌握不准，会影响排水管道的坡度和坡向，导致整个排水管网不能达到设计的预期功能要求或在大暴雨情况下造成灾害性的侵害，B公司虽然有在平原上安装钢筋混凝土排水管网的经验，对管网的施工形成了工艺标准，但项目部考虑到施工环境条件不同，专门为该项目的室外排水管安装分项工程制订了质量计划，受到建设单位的认可和好评。
　2) 问题
　　① B公司为什么要制订室外排水管网的专项施工质量计划？
　　② 质量计划的作用是什么？
　　③ 室外混凝土排水管道安装的工艺流程是怎样的？
　3) 分析与解答
　　① B公司虽然已有在平原上安装钢筋混凝土管排水管网的成熟经验，且形成了指导施工的工艺标准。但项目部考虑到丘陵地区的环境条件不同，工艺标准对管道连接和试验等的工序是适用的，但对土方开挖、坡度测量等工序的控制不够完善，需要依据实际情况作出补充，才能使整个山地安装的排水管网工程质量得到有效控制，因而编制的质量计划在技术上依托公司的工艺标准作出修正，而在管理上对土方开挖或回填（由分包方负责施工）的质量要加强监督检查，这些都要在分项工程专项质量计划中得到明确的反映。
　　② 分项工程质量计划的主要作用包括：满足建设单位的要求，对建设单位作出承诺；按计划实施，并获得预期的效果；以质量计划为依据，考核评估工程实体质量和参与人员的绩效。
　　③ 室外混凝土排水管道安装的工艺流程为：施工准备→测量放线→开挖沟槽→铺设基础→管道安装及连接→管道与检查井等连接→灌水试验→回填土→通水试验。

2. 建筑电气工程

(1) 案例一

1) 背景

A公司承建一住宅楼群的机电安装工程，楼群坐落于一个大型公共地下车库上面，工程完工投入使用，情况良好，机电安装工程尤其是地下车库部分被行业协会授予样板工程称号，为省内外同行学习参观的场所，项目部负责人主要介绍了地下车库的施工经验，包括编制切实可行的项目施工组织设计（项目质量计划）、进行深化设计、统一布置各专业（水、电、风）按施工图要求安排安装位置的标高，避免了相互干扰及实体互碰，严格择优选购材料，严把进场验收关，所有作业人员上岗前进行业务培训，并到样板室观摩作业，采用了先进仪器设备进行作业和检测，合理安排与其他施工单位的衔接，加强成品保护，避免发生作业中对已安装好的成品的污染或移位，施工员、质量员每天三次巡视作业面，及时处理发现的质量问题，用静态试验和动态考核相结合的办法把好最终检验关等，这些做法获得参观者的好评，工程实体如地下室荧光灯安装横向成排、纵向成线、标高一致，做到效果好又美观，使参观者钦佩。

2) 问题

① 该项目的质量计划效果如何？

② 项目部负责人的介绍说明了对哪些影响质量的因素进行了控制？

③ 从背景分析项目部质量策划达到了哪些目的？

3) 分析与解答

① 该项目的质量计划（施工组织设计）经实施后取得了预期的效果，项目建成成为公认的样板工程，说明质量计划起到了应有的作用。

② 从背景可知，项目负责人的经验介绍涉及了人员培训，采用新的仪器设备带动了新施工方法的应用，对材料采购和验收加强了管理，做好成品保护、改善作业环境条件等各个方面，实行了人、机、料、法、环（4M1E）影响质量因素全方位的有效控制，从而使工程质量得到有效的保证。

③ 项目部的质量策划形成了文件，即质量计划是有效的，经实施，工程实体质量优异，获得好评，说明质量策划效果明显。

(2) 案例二

1) 背景

某市星级宾馆由A公司总承包承建，各分包单位纳入其质量管理体系，施工组织总设计由A公司负责编制，各专业分包公司按施工组织总设计要求提出各自的质量计划报A公司审核汇总，但未作细致的沟通协调，工程即将完工，A公司拟将该工程申报为当地工程质量奖项，邀请若干名有关专家协助公司进行自查，屋面、客房、地下室机房等处安装工程质量符合标准，大堂建筑装饰工程华丽质优，而多专业配合施工的大堂平顶显得凌乱不堪，电气的灯具、通风的风口、消防的火灾探测器、智能化探头传感器及广播音响的喇叭等装置设备无序布置，无美感可言，破坏了整个建筑的艺术风格，专家建议要返工重做，否则不能参与评奖，为此A公司决定返工重做并实施。

2) 问题

① 质量计划编制步骤中审核批准的功能是什么？

② 经质量问题原因的查询，虽然各专业质量计划中都有协调确认布置位置的环节，但未切实实施，为什么？

③ A 总承包公司在这次质量问题中应汲取怎样的教训？

3) 分析与解答

① 分项工程质量计划编制步骤中审核的目的是在专业上对技术和管理进行把关，审核中如发现有缺陷要发还并指明修改意见，并对修改后的文件重审，直至同意确认为止。

批准是履行企业规章制度或质量体系文件规定的程序，经批准的质量计划的实施具有行政上的合法性。

② 从技术上分析，虽然各专业质量计划文件中都有协调确认布置位置的要求，但在实施中未切实执行，显然是违反了工艺技术规律，导致发生质量问题，而负责管理的总承包 A 公司没有按照闭环管理的原则实施管理，即没有按计划、实施、检查、改进（P、D、C、A）循环原理进行质量管理，也没有做细致的沟通协调，仅综合汇总了各专业分包方的质量计划。

③ 总承包方 A 公司应将各专业分包方的质量计划综合汇总后，再下发给分包方，并进行交底或采用适当形式进行协调沟通，在日常工作中要实施 P、D、C、A 循环管理。

3. 通风与空调工程

（1）案例一

1) 背景

A 公司承建某银行大楼的机电安装工程，其中通风空调机组的多台室外机安装在大楼的屋顶上，A 公司项目部为了贯彻当地政府关于节能的有关规定，对室外机的安装使用说明书认真阅读研究，特别是对其散热效果有影响的安装位置及与遮挡物的距离做了记录，准备在图纸会审时核对。在地下室安装玻璃钢风管时为做好成品保护，防止土建喷浆污染风管，将风管用塑料薄膜粘贴覆盖，土建喷浆结束，撕去薄膜再补刷涂料。为了做好通风风量调试工作编制了专项施工方案，并对每个调试作业岗位编写了作业指导书，使所有通风机及空调机的试运转过程中都如预期一样较顺利地完成。这些活动都反映在该分部工程的质量计划的质量控制文件中，分别有事前、事中、事后三个阶段的控制，由于质量文件得到认真实施，整个通风与空调工程被评为优良分部工程。

2) 问题

① 重视节能效果，做好设备安装要求的记录，属于什么阶段的质量预控？为什么？

② 做好玻璃钢风管的成品保护，属于什么阶段的质量预控？为什么？

③ 做好通风空调工程的调试和试运转施工方案及作业指导书，并实施，是什么阶段的质量预控？为什么？

3) 分析与解答

① 做好图纸会审的准备工作属于事前质量控制阶段，因事前质量控制的内容包括施工准备在内，而熟悉设备安装使用说明书是施工准备中的技术准备工作的一部分，所以划为事前阶段的质量控制。

② 做好玻璃钢风管的成品保护工作发生在施工过程中，应属于事中质量控制的活动，因为风管系统在交工验收之前要补刷一道涂料或油漆，保持外观质量良好，如不做好风管成品保护，被喷浆污染，不仅补刷时工作量大，除污不净也会影响涂装质量。

③ 试车调试试运转进行动态考核是检验安装工程质量的最终重要手段，所以其属于事后质量控制活动。为确保调试试运转的活动达到预期的效果，通常都应编制相应的调试方案及作业指导书等技术文件，这个工作可以在施工准备中完成，成为事前控制阶段的活动，也可以在调试工作前完成，则属于事后质量控制活动的一部分。

(2) 案例二

1) 背景

A公司承建一商住楼机电安装工程，工程承包合同约定中明确了工程评优目标，为此A公司项目部制订了该项目施工的质量计划，由于该工程空调工程量大，所以配备了多个通风专业的质量员，对质量计划执行情况进行实时跟踪检查，及时改进修正，在冷冻机房对分水缸的保温层施工检查时发现将设备铭牌覆盖住了，要求作业人员采取措施进行纠正。

2) 问题

① 国家技术标准规定，工程质量等级只有合格和不合格两种，为什么还有施工质量优良等级评价？

② 对分项工程质量计划实施实行跟踪检查的目的是什么？

③ 简述设备、管道保温层的施工质量控制内容。

3) 分析与解答

① 由于市场竞争需要，施工企业要不断提高工程质量，创建优质工程，建立品牌，展示竞争实力，建设单位要评估其建设活动的成效，也需要对其投资建设的工程在质量上有一个客观的评价。社会公众也希望有一批能代表建设领域的优质先进的产品，于是就有了各级的评优活动，国家推荐性标准《建筑工程施工质量评价标准》GB/T 50375—2016 指导规范了评优活动。

② 对分项工程质量计划的实施进行跟踪检查的目的是检查分项工程的质量工作是否按计划进行，检查计划与实际的符合性，发现有差异，应及时纠正或修正改进。

③ 设备和管道保温层的质量控制主要有以下几点：

A. 保温层厚度大于100mm时，应分两层或多层逐层施工，同层要错缝，异层要压缝，保温层的拼缝不应大于5mm。

B. 保温层施工不应覆盖设备铭牌。

C. 水平管道的纵向接缝位置，不应布置在管道截面垂直中心线下部45°范围内。

D. 每节管壳的绑扎不应少于两道。

E. 保温层的接缝要用同样材料的胶泥勾缝。

F. 管道上的阀门、法兰等需经常维护部位，保温层要做成可拆卸式结构。

4. 其他工程

案例

1) 背景

A公司承建一幢商用大楼的机电安装工程，开发商仅部分外售，尚有一部分待售即用户尚未确定,因而只能将公用部分的机电工程先安排施工,其中建筑智能化工程的分部工程质量计划的编制颇为困难,只能从原则上作出规定,因为建筑智能化工程的施工要从用户调查开始。工程中建筑设备监控系统的质量计划编制可以较具体化,而检测和服务等方面要待补充合同签订后才能提出质量要求。

2) 问题

① 为什么建筑智能化工程的施工要从用户需求开始?

② 为什么建筑设备监控系统的质量计划可以具体化?

③ 建筑智能化工程的售后服务内容有哪些?

3) 分析与解答

① 因为商用房出售或租赁给不同性质的用户,其对智能化系统的需求是各不相同的,具有个性化的特点,所以施工前要对用户的需求做好调查,才能完成切合实际的深化设计工作,因而这幢尚未完全售出的商用楼要制订全面的建筑智能化工程的质量计划是有困难的。

② 建筑设备是该商用楼的公用设施,只要建筑物投入使用,其必须全部投入使用,不过是负荷大小而已,所以其(建筑设备安装和试运行)质量计划编制可以具体化。

③ 建筑智能化工程的售后服务主要表现为对用户的系统管理人员进行培训交底,日常的检测维护依据施工合同约定进行升级换代。

八、材料、设备的质量评价

本章对如何正确进行房屋建筑安装工程中使用的材料和设备进行质量评价作出介绍，并通过案例分析学习，以提高评价能力。

（一）技能简介

本节以设备材料进场验收和使用中鉴别材料质量为两个侧面介绍对材料的评价，并对材料送第三方检测注意事项作出介绍，重点是以管理为主。

1. 技能分析

（1）房屋建筑安装工程中使用的设备和材料，不论其属于成品或半成品，均称为产品，其制造和销售行为，均应符合产品质量法的规定，其制造的质量责任具有不可推卸的性质，销售商不能推销假冒伪劣、以次充好的产品，这个观点决定了工程设备、材料进场验收采用的方法。

（2）房屋建筑安装工程中使用的设备材料有两大类，一类是强制认证的产品，产品贴有强制认证标志，如消防的专用产品、压力容器、某些电工材料（3C认证的），这些产品都有特定的生产许可证编号；另一类是一般的通用产品，均必须有常规的合格证。这些都是质量检查的关注点。

（3）通常设备应有装箱单和设备安装使用说明书，有的设备还带备品备件及专用工具，这些需要在采购订货合同中明确，也是评价设备供货质量的标志。

（4）设备、材料进场检查验收的程序

1）验收准备

准备内容包括：决定参与验收的人员，收集采购协议或合同、质量标准等技术资料，配备相应的检测和计量工具，如有危险品要做好安全防范措施，落实材料设备堆放场地。

2）验收方法

① 核对资料

核对资料是指主要对采购订货合同、产品质量证明书、说明书、合格证等文件的符合性进行查验。

② 检验实物

建筑给水排水及采暖工程所使用的主要材料、成品、半成品、配件、器具和设备必须具有中文质量合格证明文件，规格、型号及性能检测报告应符合国家技术标准或设计要求。进场时应进行检查验收，并经监理工程师核实确认。

A. 质量验收

产品应经出厂检验合格才能发货，如发生变异，主要是在运输途中发生意外的损害，不会发生质的变异，所以质量验收主要是外观检查。

B. 数量验收

数量验收是物资管理的环节，可按不同的包装方式进行不同的检斤、检尺。

③ 验收结论

A. 经验收后，实物的凭证资料、质量、数量经检验无误，符合要求，应填写记录，表示可以入库并可发放投入工程中使用。

B. 经验收后，如发现凭证资料不符合、质量不合格、数量不足等现象，亦应填写不合格通知单，报主管部门并抄供货商待处理。

C. 验收记录或不合格通知单均应经参与验收的人员签字确认。

（5）外观质量检查

重点是检查有无损伤、变形、锈蚀，包装是否完好，各类标识是否清晰等。

（6）材料使用中的质量问题处理

1) 安装过程中发现材料有质量问题，应停止使用，及时更换合格的产品。

2) 在工程质保期内，发现使用的材料有质量问题，应进行检测鉴定，查明原因，确定责任和起因，查明材料供货源头，进行妥善处理。

2. 材料的送检

（1）材料送检的判定

1) 国家行政法规规定的涉及结构性安全的材料必须按规定比例送检。

2) 依据产品质量法的规定，在材料进场验收时，验收双方对质量有争议时可由第三方检测机构进行检测。

3) 技术标准或施工规范的有关条款明确规定的必须检测的材料。

4) 从检测的分类来看，检测可分为强制性检测和争议性检测两种。

5) 第三方检测机构具有一定的权威性、公正性和独立性。

① 权威性是指通过政府主管部门批准，具有法定检测资格，其技术专业性强。

② 公正性是指对第一、第二方没有利害冲突，无隶属关系、无经济利益关系。

③ 独立性是指检测机构是经过注册的独立的法人单位。

（2）送检的取样

1) 取样是从母体中采集样本的活动的简称，这是在技术角度的解释。

2) 从管理角度上则又有见证取样和协议取样之分。

① 见证取样是强制性检测的样本采取，在建设部所颁布的《房屋建筑工程和市政基础设施工程实行见证取样和送检的规定》（建设部建〔2000〕211号）中第三条是这样定义的，本规定所称见证取样和送检是指在建设单位或工程监理单位人员的见证下，由施工单位现场试验人员对工程中涉及结构安全的试块、试件和材料在现场取样，并送至经过省级以上建设行政主管部门对其资质认可和质量技术监督部门对其计量认证的质量检测单位进行检测。

② 协议取样是指对材料质量有争议的，双方共同协商确定取样部位和取样的比例，通常要征得检测单位的认可。

（3）检测报告的识读

1) 检测单位对材料的质量检测后必然出具检测报告，尽管报告的格式各有不同，但其主要内容离不开几个方面，即检测结果、与相关技术标准的对比和结论。

2）对检测报告如有疑问，应向检测单位进行澄清，求得正确的理解。

（二）案例分析

本节以案例分析形式阐明设备、材料质量评价中应关注的要点，通过学习使质量员在材料质量评价的管理工作能力有所提高。

1. 给水、排水工程

（1）案例一

1）背景

A公司中标某大型商场的机电安装工程，开工前对该项目部的现场施工管理人员进行业务强化培训，以适应该工程规模大、管理精细化等方面的需要，培训结束需经考核合格才能上岗。考核中有以下几个试题，请协助解答。

2）问题

① 设备、材料进场验收的程序是怎样的？

② 设备、材料外观质量检查的重点是什么？

③ 常用阀门种类和阀体材料种类怎样用汉语拼音代号区别？（阀门种类以闸阀、截止阀、球阀、安全阀为例，阀体材料以灰铸铁、可锻铸铁、球墨铸铁、铸钢为例）

3）分析与解答

① 施工用设备和材料的进场验收的目的是检查合格的出厂产品是否在运输过程中发生意外而损伤，导致有质量缺陷或数量丢失。验收的程序是验收准备，进行验收，验收又分为质量验收和数量验收，最终形成验收结论，即产生各类记录或报告。

② 由于设备材料的理化、力学工艺性能由制造商或供应商承诺负责，否则不能进入流通领域，所以设备材料进场质量验收除查阅各类证件外，主要是外观检查，重点是有无损伤、变形和锈蚀、包装是否完好，各类标识是否完整、清晰等。

③ 阀门种类的代号：闸阀 Z、截止阀 J、球阀 Q、安全阀 A。阀体材料种类的代号：灰铸铁 Z、可锻铸铁 K、球墨铸铁 Q、铸钢 C。

（2）案例二

1）背景

B公司承建一幢高层建筑机电安装工程，在对地下室车库消防喷淋管网安装用的镀锌钢管进行进货检验时，发现局部管外壁有零星锈斑，认为可能是镀锌质量有问题或镀锌方法不对，锌层厚度没有符合制造标准厚度，于是通知销售商到场处理，经协商决定先送有资质的检测单检测镀锌质量，待检测报告出来后再作处理。

2）问题

① 这样的送检活动属于什么性质？

② 送样检测报告主要内容有哪些？

③ 如果检测报告告知镀锌质量合格，你认为这批钢管应怎样处理？

3) 分析与解答

① 在材料进场验收时，发现有瑕疵，对质量有争议，可送有资质的检测单位进行检测，这属于争议性检测，不属于强制性检测。

② 通常检测报告有时间日期、检测环境条件、依据的技术标准、检测方法标准等必备内容，送检者更为关心的是检测的结果、与技术标准的对比和检测结论性意见等三个方面的内容。

③ 检测报告结论如为镀锌质量合格，则镀锌钢管出现局部有零星锈斑现象不应是由镀锌质量不达标而引起，大部分原因是装卸运输或仓储保管中的作业行为不规范，划伤了锌层表面所致，当然属于销售商的质量责任，故而建议要对镀锌钢管表面实行全数检查，挑出有锈斑的镀锌钢管另行堆放，由销售商更换，可不必全部退货。当然销售商能承诺在使用寿命周期内，再有局部锈斑出现，能免费更换，则是最佳的选择。

2. 建筑电气工程

(1) 案例一

1) 背景

A公司承建的某学院教学大楼机电安装工程，在建筑工程楼面开始浇筑前，建筑电气工程使用的套接紧定式钢导管进场，材料员告知质量员会同对该批导管进行检查验收，由于验收工作安排有序，既把好了质量关，又加快了验收速度，如期供给施工需要。

2) 问题

① 导管验收前的准备工作有哪些？
② 导管外观质量检查有哪些内容？
③ 材料验收后的结论有几种表达形式？

3) 分析与解答

① 良好的开始等于成功的一半，所以验收准备工作十分重要。主要内容有选定参与验收的人员，整理采购协议或合同，收集质量标准。从背景可知，要收集《套接紧定式钢导管电线管路施工及验收规程》CECS 120—2007，质量员要事先熟悉一下。配备必要的检测和计量工具（主要是游标卡尺），落实材料堆场等。

② 导管的外观质量检查主要是型号规格符合采购协议规定，管材表面有标识，导管顺直、无严重变形，壁厚均匀，焊缝不开裂、内壁无棱刺，镀锌层完整，无剥落和锈斑，管件供给配套无差异。

③ 经验收后对材料的质量和数量均应有结论性的意见，且是书面文件形式，文件需经参与验收人员的签字确认。不论质量验收合格与否，数量验收多少与否，均须出具验收结论意见书。

(2) 案例二

1) 背景

N公司承建一栋星级宾馆的机电安装工程，电气专业队正在多功能厅进行导管穿线，质量员巡视至作业班组的工作面，发觉所使用的BV型塑料绝缘电线标称截面积为 $6mm^2$ 的线径偏小，绝缘层厚度也不够，用卡尺初测后得到证实，质量员当即通知作业队暂停使用该批电线，同时告知材料员进行处理，经第三方检测机构检测，检测报告证明了质量员判断的准确性，经供应商调换合格品后，重新投入工程中使用。

2）问题

① 在安装过程中发现材料有质量问题，应怎样处理？

② 电线在进场验收时，应做哪些质量检查？

③ 第三方检测机构的权威性、公正性、独立性表现在哪些方面？

3）分析与解答

① 安装使用过程中发现材料有质量问题，应通知作业班组停止使用，并告知项目部材料采购供应部门，确认不是由于材料进场后因仓库保管不当而发生的质量问题后，应及时告知供应商，到现场交涉后求得妥善解决，即及时更换合格产品，降低对施工进度计划执行的影响程度。

② 依据现行的《建筑电气工程施工质量验收规范》GB 50303—2015 的规定，电线进场验收的主要内容有：按批查验合格证，合格证应有生产许可证编号，列入 3C 认证名录的应有认证标志，外观检查应包装完好，抽检电线绝缘层完整无损、厚度均匀，按制造标准抽检标称截面积和电阻值。

③ 第三方检测机构的权威性表现为经过政府主管部门批准，具有法定检测资格；公正性表现为与第一、第二方没有任何利害关系；独立性表现为检测机构经过注册，是独立的法人单位。

3. 通风与空调工程

（1）案例一

1）背景

A公司承建体育馆机电安装工程，其中通风与空调工程的镀锌钢板矩形风管由通风专业队自行制作，质量员参与了镀锌钢板的进场验收，在制作风管的工场，质量员查阅了施工图纸，发现风管长边小于 1000mm、大于 630mm 规格的部分风管，作业队正要用 0.6mm 板厚的镀锌钢板下料，质量员进行了纠正，因此避免了返工。

2）问题

① 为什么镀锌钢板进场验收只做外观质量检查？

② 镀锌钢板外观质量应是怎样的？

③ 为什么质量员要纠正作业队错用板材？

3）分析与解答

① 因为镀锌钢板是一种工业产品，其制造与销售行为应符合产品质量法的规定，基于这个观点，通常情况下，材料进场验收只查验制造厂出具的产品合格证和查核是否因运输和保管原因造成材料外表损伤，所以进场验收的重点放在外观质量验收。

② 镀锌钢板外观检查的要求是表面不得有裂纹、结疤及水印等缺陷，应有镀锌层结晶花纹，且不应有锈斑。

③ 质量员查阅施工图纸，发现图纸上未标注风管壁厚尺寸，但说明中写有风管壁厚按施工规范执行，于是质量员又查阅了规范，规范中明确指出，中低压系统的矩形风管若长边尺寸 b 在 630～1000mm 之间，钢板厚度应为 0.75mm，作业队使用 0.6mm 钢板下料是不符合规定的，所以进行了纠正。

(2) 案例二

1) 背景

A 公司承建一制药厂的机电安装工程,项目部质量员在巡视中发现制药车间净化空调风管连接工作时,一名年轻工人用乳胶海绵当作风管接口垫料,当即制止,并说明理由,年轻工人也改正了不符合要求的做法,在地下室对无机玻璃钢风管加工质量巡视时,对保温式风管保温隔热层切割面的粘结密封提出了建议,同时对复合风管安装用吊杆的直径做了明确的说明。

2) 问题

① 为什么净化空调风管接口不能用乳胶海绵作垫料?

② 保温式风管保温隔热层切割面粘结密封料的要求应怎样?

③ 怎样选用复合风管吊架吊杆的直径?

3) 分析与解答

① 净化空调风管的接口垫料不应易老化或产生尘埃,而乳胶海绵易老化而产生尘埃,影响空调的洁净度,所以质量员要纠正年轻工人的作业行为。

② 保温式风管保温隔热层切割面在风管连接时应采用与其材质相同的胶凝材料或树脂作涂封,首选是材质相同的胶凝材料。

③ 复合风管吊架吊杆圆钢的直径与风管的种类和风管的规格尺寸有关,质量员用表 8-1 做了说明。

复合风管吊架吊杆圆钢的直径与风管的规格尺寸　　　　表 8-1

风管类别	吊杆直径（mm） $\phi 6$	$\phi 8$
聚氨酯复合风管	$b \leqslant 1250mm$	$1250mm < b \leqslant 2000mm$
酚醛复合风管	$b \leqslant 800mm$	$800mm < b \leqslant 2000mm$
玻纤复合风管	$b \leqslant 600mm$	$600mm < b \leqslant 2000mm$

注:b 为矩形风管长边长度。

4. 其他工程

(1) 案例一

1) 背景

B 公司承建的宾馆地下室车库自动喷水灭火消防工程,在开工前,项目部施工员会同质量员对作业队组作技术质量交底,质量员对闭式喷头的质量评价、制作支架用型钢和电焊条外观质量检查要求,以及消防用的材料设备的选用原则做了说明。

2) 问题

① 消防工程材料、设备的选用原则是什么?

② 制作支架用型钢和电焊条外观质量检查的内容有哪些?

③ ZST 型闭式喷头的技术参数有哪些?

3) 分析与解答

① 按《中华人民共和国消防法》的规定,确定消防工程施工用的产品(设备、材料)必须符合国家标准,没有国家标准的必须符合行业标准。不得使用不合格产品以及国家明

令淘汰的消防产品。

② 制作支架用型钢和电焊条外观质量检查内容有：型钢表面无严重锈蚀，即无锈皮脱落现象、无过度弯曲扭曲现象或弯折变形现象，电焊条包装完整、拆包抽检焊条尾部无锈斑。

③ ZST 型闭式喷头的技术参数有工作压力（1.2MPa）、公称直径 15mm、流量系数 K（80±4）、接口螺纹（1/2in）、额定工作温度和最高环境温度以及相适应的各种不同颜色的玻璃球色标（有橙、红、黄、绿、蓝）、玻璃球直径（5mm）等。

(2) 案例二

1) 背景

A 公司承建的某医院病房大楼建筑智能化工程，有建筑设备自动监控系统、通信网络系统、火灾自动报警及消防联动系统和安全防范系统等。由于智能化工程的施工建设实施要从用户需求调查开始，然后进行深化设计，尽最大可能满足用户需要，包括所使用的材料器件的品牌在内，因而每个建筑智能化工程都有较强的个性化。为此 A 公司医院项目部的质量员在施工一开始就介入了对材料器件选购等环节的质量把关，使工程实施进展顺利，质量也获得好评。

2) 问题

① 对建筑设备监控系统的器件采购应注意什么问题？

② 选取供应商要注意什么问题？

③ 建筑设备监控系统的施工与试运行要注意哪些要点？

3) 分析与解答

① 对设备、器件的采购合同中应明确智能化系统供应商的供货范围，即明确智能化工程的设备、器件与被监控的其他建筑设备、器件之间的界面划分，使两者的接口能符合匹配的要求。

② 深化设计经批准后即确定了设备、器件、材料的型号规格，并初步确定了采购方向，即初选了供货商，经业主认同后实施采购，供货商的选定要从设备、材料、器件的品牌和质量及供货商的售后服务等三方面进行考虑。

③ 对于智能化工程的施工，每个分项工程均应先做样板，经业主或监理确认后才能全面实施展开。被智能化系统监控的其他建筑设备应在本体试运行合格且符合要求后，才能投入被智能化系统监控的状态。火灾报警及消防联动系统的试运行符合性要由公安部门消防监管机构确认，安全防范系统的试运行符合性要由公安部门监管机构确认。

九、施工试验结果的判断

本章以房屋建筑安装工程中给水排水工程、建筑电气工程和通风与空调工程为主,介绍其施工过程中的试验及最终试验的内容,同时对怎样判断试验的结果作出描述,希望通过学习,提高学习者对安装工程施工试验活动的感性认识及对试验结果的判断能力。

(一) 技能简介

本节主要阐述安装工程施工试验的类别、试验的条件和组织,同时介绍试验结果判断的依据。

1. 技能分析

(1) 施工试验的目的、类别、方法和判定标准等在岗位知识中已作阐述,本节不再说明。
(2) 要持续提高对施工试验结果正确判断的能力,需关注以下事项:
1) 相关法律法规的修改情况。
2) 施工技术规范、标准的更迭情况。
3) 新材料、新工艺应用情况。
4) 设备、器件等随机供应的技术文件变动情况(关系到试运行的具体要求)。

2. 安装工程施工试验的类别

按《建筑工程施工质量验收统一标准》GB 50300—2013 的规定,房屋建筑安装工程的施工试验在工程验收时,需提供质量控制和安全功能检验两部分资料。

(1) 质量控制资料
1) 图纸会审记录、设计变更通知单、工程洽商记录;
2) 设备、原材料出厂合格证书及进场检验、试验报告;
3) 设备开箱记录、基础验收记录、隐蔽工程验收记录;
4) 系统技术、操作和维护手册;
5) 系统管理、操作人员培训记录;
6) 施工记录;
① 给水、排水与采暖工程

其包括设备安装记录,管道安装记录,管道焊接检查记录,补偿器安装记录,管道系统消毒记录,安全附件安装检查记录,锅炉烘炉、煮炉记录,管道、设备除锈、刷油(防腐)记录,管道、设备保温记录等。

② 通风与空调工程

其包括风管及其部件加工制作记录,风管系统、管道系统安装记录,空调设备开箱、安装记录,管道保温施工记录,防火阀、防排烟阀、防爆阀等安装记录,设备安装记

③ 建筑电气工程

其包括变压器、成套盘柜安装记录，母线安装记录，电缆敷设记录，电缆桥架安装记录，配线记录，插座开关接线检查记录等。

④ 建筑智能化工程

其包括成套盘柜安装记录，电缆敷设记录，电缆桥架安装记录，网络设备配置表，应用软件系统配置表，系统部件现场设置情况记录，控制类设备联动编程记录，消防联动控制器手动控制单元编码设置记录等。

⑤ 建筑节能

其施工记录见各分部工程施工记录。

7) 试验记录；

① 给水、排水与供暖工程

其包括管道、设备强度试验、严密性试验记录，系统清洗、灌水、通水、通球试验记录，阀门试验记录，喷头试验记录，安全阀调试记录，设备单机试运转及调试记录等。

② 通风与空调工程

其包括制冷、空调风、水管道强度试验、严密性试验记录，阀门试验记录，设备单机试运转及调试记录，防火阀、防排烟阀（口）启闭联动试验记录，制冷设备运行调试记录，通风、空调系统调试记录等。

③ 建筑电气工程

其包括电气动力设备试运行记录，电气设备调试、交接试验记录，照明系统照度检测记录，接地、绝缘电阻测试记录，等电位导通性测试记录等。

④ 智能化工程

其包括系统功能测定及设备调试记录，系统检测报告等。

⑤ 建筑节能

其包括设备系统节能检测报告。

8) 分项、分部工程质量验收记录；

9) 新技术论证、备案及施工记录。

(2) 安全和功能检验资料

① 给水、排水与供暖工程

其包括给水管道通水试验记录，暖气管道、散热器压力试验记录，卫生器具灌水试验记录，消防管道、燃气管道压力试验记录，排水干管通球试验记录，锅炉试运行、安全阀及报警联动测试记录，消火栓试射试验记录，自动喷水灭火系统调试记录等。

② 通风与空调工程

其包括通风、空调系统试运行记录，风量、温度测试记录，空气能量回收装置测试记录，制冷机组试运行调试记录，通风、除尘系统联合试运转调试记录，空调系统联合试运转调试记录，净化空调系统联合试运转调试记录，洁净室洁净度测试记录，防排烟系统联合试运转调试记录等。

③ 建筑电气工程

其包括建筑照明通电试运行记录，灯具固定装置及悬吊装置的载荷强度试验记录，剩余电流动作保护器测试记录，应急电源装置应急持续供电记录，双电源切换记录，末端回路接地故障阻抗测试记录等。

④ 智能化工程

其包括系统试运行记录，系统电源及接地检测报告，系统接地检测报告等。

⑤ 建筑节能

其包括设备系统节能性能检查记录。

3. 设备安装工程试运行的条件和组织

（1）试运行的条件

1）试运行范围内的工程已按合同约定全部完工，并经自检静态检查质量合格。

2）试运行所需的电力、供水、供汽、供气均接入到位。

3）试运行涉及的环境、场地已清理。

4）试运行的方案已批准。

5）试运行组织已建立，试运行操作人员已经培训、考核合格。

6）为防范试运行过程发生安全意外事件，在试运行方案中提出的防护措施等已落实到位。

7）试运行使用的物资或检测用仪器仪表已按方案要求落实备齐。

8）对试运行准备工作进行检查，确认符合方案要求。

（2）试运行的组织

1）单机试运行（转）由施工单位负责，监理单位、生产厂商酌情参加。

2）联合试运行（转），由业主（建设单位）负责，施工单位负责对操作岗位的监护，并处理试运行中出现的问题。

如建设单位要施工单位负责组织联合试运行，则应签订补充合同进行约定。

（3）试运行中使用的仪器、仪表的要求

1）符合试运行中检测工作的需要。

2）精度等级、量程等技术指标符合被测量值的需要。

3）必须经过检定合格，有标识，在检定周期内。

4）外观检查部件齐全，无明显锈蚀和受潮现象。

5）显示部分如指针或数字清晰可辨。

（二）案例分析

本节以案例形式，介绍房屋建筑安装工程的施工试验的注意事项，以及怎样判断试验结果的正确性，通过学习以提高质量员的专业技能。

1. 给水排水工程

（1）案例一

1）背景

某公司承建一大学教学楼的机电安装工程，其中给水管道安装要做两种强度检测（即管道试压),分别是单项试压和系统试压,为此专业施工员做了试压前的准备,并组织实施了作业,由于准备充分,措施有力,试压工作达到了预期效果。

2) 问题

① 在给水管道试压前做哪些准备工作?

② 管道试压的步骤应怎样组织?

③ 不同材质的给水管道,其试压合格的标准是怎样规定的?

3) 分析与解答

① 试压前施工员应先确定试压的性质是单项试压还是系统试压,检查被试压的管道是否已安装完成,支架是否齐全固定可靠,预留口要堵严并做好记录,有的转弯处设临时挡墩避免管道试压时移位,确定水源接入点,检查试压后排放路径,决定试压泵的位置,依据试验压力值选定两只试压用压力表,确认其在检定周期内,向作业人员交底等,均为施工员应做的试压前准备工作。冬季还要做防冻措施。

② 基本步骤如下:

A. 接好试压泵。

B. 关闭入口总阀和所有泄水阀门及低处放水阀门。

C. 打开系统的内各支路及主干管上的阀门。

D. 打开系统最高处的排气阀门。

E. 打开试压用水源阀门,系统充水。

F. 满水后排净空气,并将排气阀关闭。

G. 进行满水情况下全面检查,如有渗漏及时处理,处理好后才能加压。

H. 加压试验并检查,直至全面合格。加压应缓慢增压至试验压力。

I. 拆除试压泵、关闭试压用水源、泄放系统内试压用水,直至排净。

③ 试压合格标准要符合施工设计的说明,如施工设计未注明时,通常为:

A. 各种材质的给水管,其试验压力均为工作压力的 1.5 倍,但不小于 0.6MPa。

B. 金属及复合管在试验压力下,观察 10min,压力降不大于 0.02MPa,然后降到工作压力进行检查,以不渗漏为合格。

C. 塑料管在试验压力下,稳压 1h,压力降不大于 0.05MPa,然后降到工作压力的 1.15 倍,稳压 2h,压力降不大于 0.03MPa,同时进行检查,以不渗漏为合格。

(2) 案例二

1) 背景

某公司承建的学生宿舍楼为多层建筑,东西两侧都设有卫生间,屋顶雨水排放管暗敷在墙内,在排水管道施工过程中要做检测试验,为此项目部施工员编制了试验计划,实施中有力保证了工序和工种的衔接,促使施工进度计划正常执行。

2) 问题

① 该宿舍楼排水管道工程施工中什么部位要做试验检测(指隐蔽部位)?

② 排水管道灌水试验合格的判定怎样?

③ 什么是排水管道的通球试验?

3) 分析与解答

① 排水管道施工中如属于隐蔽工程的,隐蔽前均应做灌水试验,该宿舍楼有两种部

位，第一是雨水排水管道，第二是东西两侧卫生间首层地面下的排水管道。

② 雨水管道灌水试验的灌水高度必须到每根立管上部的雨水斗，试验持续时间 1h，以不渗漏为合格。

卫生间排水管灌水试验的灌水高度不低于底层卫生洁具的上边缘或底层地面，满水 15min，水面下降后，再灌满观察 5min，以液面不下降、管道接口无渗漏为合格。

③ 通球试验是对排水主立管和水平干管的通畅性进行检测，用不小于管内径 2/3 的木制球或塑料球进入管内，检查其是否能通过，以通球率达到 100% 为合格。

2. 建筑电气工程

（1）案例一

1）背景

某施工现场开工后，先做塔式起重机基础，为方便材料进场，拟先将两台塔式起重机组立起来，项目部提出要先测定塔式起重机防雷的接地装置的接地电阻值，合格后再组立塔式起重机，于是施工员用仪表实施了接地装置的检测。

2）问题

① 为什么先检测接地装置的接地电阻值？

② 接地电阻测量方法有哪些？接地电阻测量仪 ZC-8 的应用要注意哪些事项？

③ 为什么要至少测两次取平均值，什么时候测量较适合？

3）分析与答案

① 因为塔式起重机上避雷针的避雷原理是将大气过电压（雷电）吸引过来泄放入大地，防止其闪击塔式起重机而造成损害，而泄放入大地要经过接地装置，如接地不良即接地电阻值不符合规定，则泄放雷电会失效，而形成更大的雷击概率，造成更多的危害，所以项目部提出要先测接地装置的接地电阻值，合格后再立塔式起重机，若经检测不合格应增加接地极，直至合格为止。

② 接地电阻测定的方法较多，有电压电流表法、比率计法、接地电阻测量仪测量法等。

ZC-8 接地电阻测量仪使用的注意事项有：

A. 接地极、电位探测针、电流探测针三者成一直线，电位探测针居中，三者等距，均为 20m。

B. 接地极、电位探测针、电流探测针各自引出相同截面的绝缘电线接至仪表上，要一一对应，不可错接。

C. ZC-8 仪表放置于水平位置，检查调零。

D. 先将倍率标度置于最大倍数，慢转摇把，使零指示器于中间位置，加快转动速度至 120rpm。

E. 如测量度盘读数小于 1，应调整倍率标度于较小倍数，再调整测量标度盘，多次调整后，指针完全平衡在中心线上。

F. 测量标度盘的读数乘以倍率标度，即得所测接地装置的接地电阻值。

③ 为了正确反映接地电阻值，通常至少测两次，两次测量的探针连线在条件允许的情况下，互成 90°角，最终数值为两次测得值的平均值。

接地电阻值受地下水位的高低影响大,所以建议不要在雨中或雨后就测量,最好连续干燥 10 天后进行检测。

(2) 案例二

1) 背景

某市民航机场的机电安装工程由 A 公司承建,该工程的电气动力中心的主开关室到各分中心变配电所用电力电缆馈电,每根电缆长度达 1km 以上。项目部施工员在试送电前要求作业班组在绝缘检查合格后才能通电试运行,认为用高压兆欧表(摇表)测试电缆绝缘状况是常规操作,所以未做详细交代,结果个别班组作业人员遭到被测电缆芯线余电放电电击,虽无大碍,但影响了心理健康。

2) 问题

① 长度较长的电缆为什么在绝缘测试中会发生电击现象?
② 怎样应用兆欧表测试电缆的绝缘电阻值?
③ 从背景中可知施工员交底中有什么缺陷?

3) 分析与解答

① 兆欧表摇测电缆芯线绝缘,实则是对电缆充电检查其泄漏电流的大小,以判断其绝缘状况,高压兆欧表的充电电压可达 2500V,若电缆绝缘状况良好,绝缘测试后,芯线短时内仍处于高电压状态,再者电缆线路越长,其电容量越大,测试后其贮存的电能量越大,短时内不会消失,所电气测试的有关规程规定,测试完毕应及时放电,否则易造成人身伤害,这个原则不光对较长电缆的测试适用,对电容量大的如大型变压器、电机等的绝缘测试也适用。

② 用兆欧表测量绝缘电阻值基本方法如下:

A. 兆欧表选择按被试对象额定压大小选用。100V 以下,宜采用 250V、50MΩ 及以上的兆欧表;100~500V,宜采用 500V、100MΩ 及以上兆欧表;500~3000V,宜采用 10000V、2000MΩ 及以上兆欧表;1000~3000V,宜采用 2500V、10000MΩ 及以上兆欧表。

B. 测试操作

(A) 水平放置兆欧表,表的 L 端钮与被测电缆芯线连接,表的 E 端钮与接地线连接,其余电缆芯线均应接地。

(B) 匀速摇转兆欧表,达 120r/min,待指针稳定后读取记录该相芯线绝缘电阻值。

(C) 测试完仍保持转速,断开 L 端钮接线,停止摇转兆欧表。

(D) 用放电棒对该相芯线放电,不少于 2 次。

(E) 同法测另外芯线的绝缘电阻值。

③ 从背景中可知,施工员仅对作业班组作了工作任务布置,没有提醒要注意的安全操作要领。

(3) 案例三

1) 背景

D 公司承建某学院教学楼的机电安装工程,交工前对每间教室进行了照明工程通电试运行,试验结果情况正常,并出具试验报告,使工程的交工验收工作得以顺利完成。

2) 问题

① 教室的照明通电试运行的时间是多少？
② 通电试运行合格的标准是什么？
③ 为什么在通电试运行时要检测照度？
3）分析与解答
① 教室属于公共建筑，其照明系统通电连续试运行的时间应为 24h。
② 通电试运行的合格标准为所有照明灯具应同时开启，每 2h 按回路记录运行参数（包括电压、电流、有无灯具熄灭等），在试运行时间内应无任何电气故障。
③ 通电试运时检测照度的目的有两个：一是检查照度是否符合工程设计预期要求，这是关联到学生学习时用眼健康的事；二是为智能化系统（如果有）提供自动控制照度的基本参数。

3. 通风与空调工程

（1）案例一
1）背景
A 公司承建的某大楼防排烟通风工程，经试运转和调试检测，形成调试报告，经业主报送有关机构审核，审核通过后可办理单位工程交工手续，审核中发现有些检测数据不符合规定，发回整改，要求重新调试检测。

2）问题
① 防排烟通风工程调试检测的准备工作包括哪些内容？
② 调试检测主要用什么仪表？几个关键场所的风压、风速数据是多少？
③ 防排烟系统的联动关系是怎样的？

3）分析与解答
① 调试检测的准备工作有三个方面：
A. 人员组织准备，包括施工、监理和业主及使用单位等相关人员。
B. 调试检测方案准备，内容包括调试程序、方法、进度、目标要求等，方案应经审批后才能实施。
C. 仪器、仪表准备，其性能可靠，精度等级满足要求，检定合格在有效期内。
② 调试用的主要仪表是微压计和风速仪，正压送风机启动后，楼梯间、前室、疏散走道风压呈递减趋势，防排烟楼梯与疏散走道之间的压差应为 40~50Pa。前室、合用前室、封闭的避难层（间）、封闭楼梯间与疏散走道之间的压差为 25~30Pa。启动排烟风机后，排烟口的风速宜为 3~4m/s，但不能大于 10m/s。
③ 防排烟系统的联动关系为：
A. 机械加压送风系统
a. 当任何一个常闭送风口开启时，相应的送风机均应能联动启动。
b. 与火灾自动报警系统联动调试时，当火灾自动报警探测器发出火警信号后，应在 15s 内启动与设计要求一致的送风口、送风机，且其联动启动方式应符合现行国家标准的规定，其状态信号应反馈到消防控制室。
B. 机械排烟系统
a. 当任何一个常闭排烟阀或排烟口开启时，排烟风机均应能联动启动。

b. 应与火灾自动报警系统联动调试。当火灾自动报警系统发出火警信号后，机械排烟系统应启动有关部位的排烟阀或排烟口、排烟风机；启动的排烟阀或排烟口、排烟风机应与设计和国家标准要求一致，其状态信号应反馈到消防控制室。

c. 有补风要求的机械排烟场所，当火灾确认后，补风系统应启动。

d. 排烟系统与通风、空调系统合用，当火灾自动报警系统发出火警信号后，由通风、空调系统转换为排烟系统的时间应符合现行国家标准的规定。

C. 自动排烟窗

a. 自动排烟窗应在火灾自动报警系统发出火警信号后联动开启到符合要求的位置。

b. 动作状态信号应反馈到消防控制室。

D. 活动挡烟垂壁

a. 活动挡烟垂壁应在火灾报警后联动下降到设计高度。

b. 动作状态信号应反馈到消防控制室。

(2) 案例二

1) 背景

B 公司承建的一办公大楼通风与空调工程在联合试运转后，经风量调整，办公人员陆续迁入，但发现环境条件与设计预期差异较大，查阅交工资料后，未找到通风与空调工程的综合效果测定资料，B 公司认为当时处于无负荷状态综合效果测定无实际意义，现在既然已搬进办公，对通风与空调的各项指标可以在负荷状态下进行检测，以验证设计与施工的符合性，是科学合理的，同意表示择时做综合效果的测定。

2) 问题

① 综合效果测定的前提条件是什么？目的又是什么？

② 综合效果测定中的主要检测项目是哪些内容？

③ 空调与通风工程综合效果测定后，还要做些什么工作？

3) 分析与解答

① 通风与空调工程在无生产负荷状态下的试运转和调试，是指在房屋建筑未曾使用情况下的试运转和调试，但对工程的设备及整个系统不是空载的，而是有负荷的，实际上这是整个试运转的第一步，也是必须经过的一个过程，是综合效果测定的必备条件。综合效果测定的目的是考核通风与空调工程的在实际使用中能否达到预期的效果，因为这种情况下的测定效果真实，干扰多，考验着系统的调节功能是否完善，是否要改进。

② 综合效果测定的内容包括室内的风速分布、温度分布、相对湿度分布和噪声分布等四个方面。风速即气流速度用热球式风速仪测定、温度可用水银温度计在不同标高平面上测定、相对湿度用自记录式毛发温度计测定、噪声用声级计测定，选点在房间中心离地面高度 1.2m 处。

③ 如综合效果测定与设计预期差异较大，则应给予调整，要使室内气象条件各项指标符合要求，而且处于经济运行状态。当然这是与整个系统的设备先进程度和自动化水平高低直接相关的。

4. 其他工程

(1) 案例一

1) 背景

A 公司承建的某学院学生宿舍楼机电安装工程中含有供热系统的锅炉房及水泵房等机械设备安装,工程已处于收尾阶段,进入试运行程序,水泵的单机试运行已由 A 公司项目部开始进行,待锅炉设备检查合格,锅炉安全阀送检检定后,便可与供水泵房一起进行联合负荷试运转,向宿舍楼供热水。

2) 问题

① 水泵房的离心水泵怎样进行单机试运转?
② 机械设备单机试运转的目的是什么?
③ 锅炉与供水泵房联合负荷试运转怎样分工?

3) 分析与解答

① 离心水泵单机试运转的程序如下:

A. 关闭排水管路阀门,打开吸水管路阀门。
B. 吸水管内充满水,排尽泵体内的空气。
C. 启动水泵电动机,待转速正常后,徐徐开启排水管阀门,要注意泵启动后,排水管阀门的关闭时间一般不应超过 2~3min,若时间太长,泵内液体会发热,造成事故。
D. 泵在额定工况下连续试运行时间不少于 2h。
E. 检查出水压力、轴承温升、泵体振动、轴瓦处渗水状况、电动机电流等均正常,则判定试运行合格。

② 机械设备单机试运转的目的是判定设备本体性能是否符合设计预期要求,同时辨识该设备是否可以投入系统参加联合试运行。

③ 锅炉与供水泵房的联合负荷试运转应由业主(建设单位)负责组织,施工单位负责对操作岗位的监护,并处理试运转中出现的问题。

如建设单位要施工单位负责组织联合试运转,则应签订补充合同进行约定。

(2) 案例二

1) 背景

A 公司承建的 H 市儿童医院病房大楼即将竣工验收,因而提前对该工程的自动喷水灭火系统及消火栓系统进行了调试和试射试验,试验结果如为合格,再将试验报告连同有关资料由建设单位报送当地公安部门消防监督机构申请消防验收。为了确保试验结果的符合性,所以施工项目部项目经理责成项目质量员对试验报告鉴定其符合性。项目质量员对照施工验收规范的规定提出了以下意见。

2) 问题

① 消火栓试射试验的位置是否正确?充实水柱的长度是否足够?
② 自动喷水灭火系统调试的符合性如何?
③ 试验的必备技术条件是否满足要求?

3) 分析与解答

① 质量员查阅了试验报告,消火栓试射试验选取在屋顶上 1 个,首层 2 个,其位置是正确的;由于该医院为 5 层的民用建筑,试射时充实水柱长度大于 7m,所以质量员确定消火栓试射试验是符合要求的。

② 质量员查阅了自动喷水灭火系统报警阀组的调试报告,当报警阀进口压力大于

0.14MPa，试水装置处放水流量大于1L/s时，报警阀能及时启动，压力开关及时动作向消控中心反馈信号，但是带延迟器的水力警铃要在22s后发出铃声，所以质量员认为报警阀的动作是符合要求的，但水力警铃的延迟动作时间要重做调整，要将发出铃声的时间控制在报警阀动作后的15~19s之间。

③ 质量员认为消防设备安装全部完成无遗漏，消防水泵试运行合格，消防管网试压冲洗完成并合格，试验时消防管网工作压力及水量供给符合设计要求，所以质量员认为试验是在满足必备技术条件下完成的。

(3) 案例三

1) 背景

B公司中标承建的S市百货大楼机电安装工程要在2016年9月30日前，按合同约定进行工程交工验收，为此施工项目部进行了全面的准备工作，其中质量控制资料的核对由质量员负责，其在查验时发生如下事项：2016年7月进货的电线进场检验方法有误；交工用工程安全和功能检测资料中建筑电气工程缺少接地故障回路阻抗测试记录；据此现象，质量员向项目经理提出了建议。

2) 问题

① 为什么2016年7月进货的电线进场检验方法有误？失误在哪里？

② 为什么会缺少接地故障回路阻抗测试记录？

③ 质量员向项目经理提出的建议主要有哪些内容？

3) 分析与解答

① 因为《建筑电气工程施工质量验收规范》GB 50303—2015于2016年8月正式实施，同时《建筑电气工程施工质量验收规范》GB 50303—2002停止执行，两者对电线进场验收的方法是有差异的，而施工项目部在2016年7月对进货的电线进场验收沿用了原规范规定的方法进行验收，所以发生了工作上的失误。方法上的不同主要是原规范对电线芯线的标称截面积验核采用游标卡尺测量芯线的直径是否符合规定来判别，而新规范则采用芯线的电阻值是否符合规定来判别。新规范的规定是与国际标准（IEC标准）一致的。

② 同样的原因，在新规范的配电箱安装中增加了对末端用电回路要测量接地回路阻抗以保证用电安全的要求，其记录作为单位工程验收时安全和功能检验资料，并且在验收时还应进行抽查。

③ 质量员认为，当前一个时段是设备安装各专业施工质量规范标准频繁的更迭期，稍有不慎，易引起工作中的失误，为此向项目经理建议，一是要关注规范标准的更迭情况，及时组织员工学习，尽量争取早日熟练适应新的技术标准。二是要在工程承包合同中明确规范标准更迭后应怎样处置，例如分阶段办理或按合同订立时的规范标准执行至工程竣工验收，新开工的工程执行新的标准规范等。

十、施工图的识读

本章在工程图绘制知识掌握后,对如何提高阅读能力、正确理解图纸、提高识图方法和技巧作出介绍,通过学习,以利于增强专业技能。

(一) 技能简介

本节以给水排水工程图、建筑电气工程图、通风与空调工程图为主介绍识图步骤,同时对三视图与轴测图的转换做出说明,简要探讨建筑施工图与安装施工图的关系。

1. 技能分析

(1) 给水排水工程图的识读步骤(含通风与空调工程图)

1) 与用三视图识读施工图的方法是基本一样的,所以仅对管道和通风与空调工程特有的图例符号和轴测图等作出提示。

2) 图例符号的识读。

① 识图前要熟悉图例符号表达的内涵,要注意对照施工图的设备材料表,判断图例的图形是否符合预期的设想。

② 识图中要注意施工图上标注的图例符号,是否图形相同而含义不一致,要以施工图标示为准,以防识读失误。

3) 轴测图的识读。

① 房屋建筑安装中的管道工程除机房等用三视图表达外,大部分的给水排水工程用轴测图表示,尺寸明确,识读时要注意各种标高的标注,有些相同的布置被省略了,而直管段的长度可以用比例尺测量,也可以按标准图集或施工规范要求测算,排水是重力流,识图时要注意水平管路的坡度值和坡向。通常只要有轴测图和相应的标准图集就能满足施工需要。

② 空调系统的立体轴测图,从图上可知矩形风管的规格、安装标高、部件(散流器、新风口)和设备(迭式金属空气调节器)的规格或型号,风管的长度可用比例测量确定。但有的图缺少风管和设备与建筑物或生产装置间的布置关系,也没有固定风管用的支架或吊架的位置,所以还需要其他图纸的补充才能满足风管制作和安装施工的需要。

4) 识读施工图纸的基本方法。

① 首先阅读标题栏,可从整体上了解名称、比例等,使之有一个概括的认识。

② 其次阅读材料表,使对工程规模有一个量的认识,判断是否使用新材料,为采取新工艺做思想准备。

③ 从供水源头向末端用水点循序渐进读取信息,注意分支开叉位置和接口,污水则反向读图直至集水坑,这样对整个系统有个清晰的认识,当然施工图纸提供系统图的要先读系统图。可以了解管网的各种编号。

④ 要核对不同图纸上反映的同一条管子、同一个阀门、同一个部件的规格型号是否

一致，同一个接口位置是否相同。

⑤ 要注意与建筑物间的位置尺寸，判断是否正确，作业是否可行。

⑥ 有绝热护层的要注意管路中心线间距是否足够。

⑦ 最终形成对整个管网的立体概念。

⑧ 与构筑物有连接的位置需复核在建筑施工图上埋件位置和规格尺寸。

(2) 建筑电气工程图的识读步骤

1) 识读步骤

识读施工说明→识读系统图→识读平面图→识读带电气装置的三视图→识读电路图→识读接线图→判断施工图的完整性。

2) 注意事项

① 虽然有标准规定了图例，但有可能根据工程特殊需要，另行新增图例在施工图上，识图时要注意，以免造成误解。

② 电气工程许多管线和器件依附在建筑物上，而设备装置是组立或安装在土建工程提供的基础上或预留的孔洞里，很有必要在识读电气工程施工图的同时，识读相关的建筑施工图和结构施工图。

③ 无论是系统图还是电路图或者是平面图，识读的顺序从电源开始到用电终点为止。以电能的供给方向和受电次序为准。

④ 要注意配合土建工程施工的部分，不遗漏预留预埋工作，不发生土建工程施工后电气设备装置无法安装的现象。

⑤ 注意各类图上描述同一内容或同一对象的一致性，尤其是型号、规格和数量的一致性。

⑥ 注意改建扩建工程对施工安全和工程受电时的特殊规定。

(3) 通风与空调工程图识读的补充

1) 通风与空调工程图识读的方法和步骤基本上与给水排水工程图的识读相同，由于通风与空调工程与建筑物间的相对位置关系更加密切，建筑物实体尺寸影响着风管的实际形位尺寸，体现在风管制作前的对风管走向和安装位置的测绘，以利于草图的绘制，因而尚应在识读通风与空调工程图的同时，识读相关的建筑结构图。

2) 如果建筑物有部分混凝土风管，要注意金属风管与混凝土风管的连接处的连接方法和接口的结构形式，尽量降低漏风的可能性。

3) 许多风口安装在建筑物表面，有装饰效果且形状多种，识图或安装时要注意与建筑物的和谐协调，也就是说，这部分风口的安装位置和选型要在识读工程图时要先作打算，在施工前要与土建、装饰等施工单位共同做好建筑物表面的平面布置草图。

2. 图的转换

(1) 三视图转换成轴测图

1) 在给水排水工程和通风与空调工程的施工图中大量采用轴测图表示，原因是立体感强，便于作业人员阅读理解，因而把三视图转换成轴测图便成为一种基本技能。

2) 转换的步骤如下。

① 选定轴测图的类别（正等、斜等）。

② 确定 X_1、Y_1、Z_1 三个方向的轴测轴。
③ 在三视图上测量每段管线的长度。
④ 不计伸缩系数（为方便计量）先将平行于投影轴 X、Y、Z 的直线管段移至轴测图，注意管间的连接关系。
⑤ 平行于三视图投影面的斜线要先明确斜线两端的坐标位置。
⑥ 如有曲线则应细分为各小段，视作直线逐段移至轴测图上。
⑦ 需要说明的是，通常转换的是管网较简明且并不复杂的三视图。

(2) 工艺流程图与三视图的关系

因为工艺流程图仅表明机械设备、容器、管道、电气、仪表等的相互关系和物料的流向，所以在三视图中其相互的关系，尤其是管路接口位置必须符合工艺流程图示意位置，不能违反，否则无法完成工艺要求。

（二）案例分析

本节以案例形式说明识读施工图纸的方法和能力，通过分析与解答加深对图纸理解和判定。

1. 给水排水工程图

（1）案例一

1) 背景

如图 10-1 所示为一污水管网的轴测图，请分析本图提供了哪些信息？

2) 问题

① 从图 10-1 中分析，这个排水系统属于什么制式？
② 哪根立管属于淋浴间汇水管？哪根立管属于盥洗台立管？
③ 所有标高相对零点（±0.000）在哪里？是否参阅大样图？

3) 分析与解答

① 从编号 PL-4 立管底部可知，生活废水经埋于标高 −1.200，坡度为 2% 的横管向墙外污水井，可见这是雨污水分流制排放。
② PL-3 立管上每分支管上有两个带水封的地漏，PL-4 立管分支上有存水弯，因此可知 PL-3 立管为淋浴间汇水管，PL-4 立管为盥洗台汇水管。
③ 相对标高 ±0.000 应是该建筑物的首层地面，

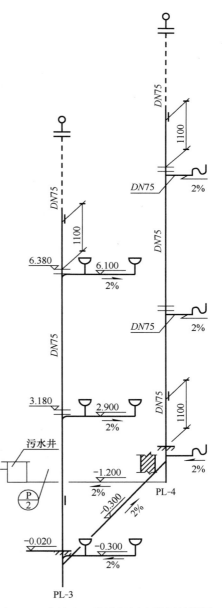

图 10-1 盥洗台、淋浴间污水管网轴测图

要参阅大样图或详图，图的编号是$\dfrac{P}{2}$。

(2) 案例二

1) 背景

如图 10-2 所示为自动喷水灭火系统的湿式报警阀组，试分析其中各个部件的作用和动作原理。

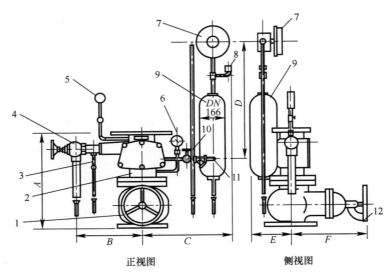

图 10-2　湿式报警阀结构示意图

1—控制阀；2—报警阀；3—试警铃阀；4—放水阀；5、6—压力表；7—水力警铃；8—压力开关；9—延时器；10—警铃管阀门；11—滤网；12—软锁

2) 问题

① 为什么报警阀的上腔、下腔的接口不能接错？

② 湿式报警阀组采取了哪些措施防止误报？

③ 试述水力警铃的基本工作原理。

3) 分析与解答

① 报警阀的上腔接带有洒水喷头的消防管网，下腔接消防水源（泵、高位水箱等供水管路），平时上腔压力略大于下腔压力，阀座上的多个小孔被阀瓣盖住而密封，当洒水喷头洒水灭火时管网压力下降，报警阀的下腔压力大于上腔压力，且压差大于一定数值，阀瓣迅速打开，消防水源向消防管网供水灭火，同时向水力警铃供水报警，基于此，报警阀的上下腔接口不能接错，否则失去功能。

② 为了防止因水压波动发生误动作误报警，主要采取两个措施，一是报警阀内设有平衡管路，平衡因瞬时波动而产生的上下腔压差过大而误报，二是在报警阀至警铃的管路上设置延时器，如发生瞬时水压波动而产生报警阀输送少许水量至警铃，延时器可吸收这小量的水而不致警铃发生误动作。

③ 水力警铃是一种水力驱动的机械装置，当消防用水的流量大于或等于一个喷头的流量时，压力水流沿报警支管进入水力警铃驱动叶轮，带动铃锤敲击铃盖，发出报警声响。

2. 建筑电气工程图

（1）案例一

1）背景

如图 10-3 所示是施工现场常用的三相交流电动卷扬机等需正反转的电动机的控制电路，请分析其工作原理和安全保护措施。

2）问题

① 电动机能正反转的原理是什么？

② 热继电器的符号是什么？其工作的原理又是什么？

③ 从控制电路分析，图 10-3 中有哪些安全保护措施？

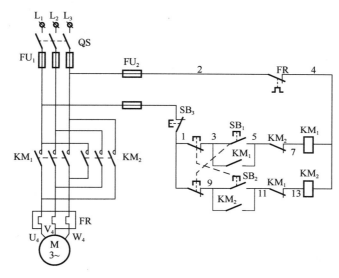

图 10-3　按钮互锁双向旋转控制电路

3）分析与解答

① 从电工学基础可知，三相交流电动机接入三相交流电源后，在电机的转子与定子间的气隙中产生一个旋转磁场，带动转子与旋转磁场同方向旋转，而旋转磁场的旋转方向与接入电源的相序有关，如图 10-3 所示中的电源接入为 $L_1 \rightarrow U_4$、$L_2 \rightarrow V_4$、$L_3 \rightarrow W_4$，则旋转磁场为顺时针方向旋转，电动机转子称为正向旋转，只要电源接入方式两相互换一下，如 $L_1 \rightarrow W_4$、$L_2 \rightarrow V_4$、$L_3 \rightarrow U_4$，旋转磁场便逆时针旋转而使电动机转子逆时针旋转，这是三相交流电动机可正反转的基本原理。但必须注意只调换两相，如三相顺序调换 $L_1 \rightarrow W_4$、$L_2 \rightarrow U_4$、$L_3 \rightarrow V_4$ 是不会反向的。

② 热继电器的符号为 FR，发热元件接在电动机引入电源的主回路中，其动作后要开断的接点接在控制回路 2～4 之间。热继电器是电动机的过电流（过负荷）的保护装置，基本原理是电动机工作在过电流状态，热继电器的发热元件会使近旁的双金属片因线膨胀系数不同而弯曲，达到电流的过负荷镇定值，则弯曲的程度足以拨动接点由闭合而断开，使控制电路断电，接触器 KM 衔铁线圈失电而断开电动机主回路，电动机停止运转。

③ 为了防止接触器 KM_1、KM_2 同时吸合发生严重的短路现象，在电气线路上采取联

锁联结在 5～7 间接入 KM_2 的常闭辅助接点、在 11～13 间接入 KM_1 的常闭辅助接点，这样保证了 KM_1 吸合时其辅助接点打开 KM_2 的吸合电源，同理 KM_2 吸合其辅助接点打开 KM_1 的吸合电源，有效地防止同时吸合，另外按钮 SB_1、SB_2 也起到防止同时吸合的作用，按动 SB_1 接通 KM_1 吸合线圈的同时打开了 KM_2 吸合线圈，SB_2 也有同样的功能，这是机械装置设计的结果。此外，还有以热继电器的过负荷保护和熔断器 FU_1、FU_2 的线路短路保护，有的制造商将 KM_1、KM_2 可动衔铁用杠杆连在一起，从机械上防止同时吸合。

（2）案例二

1）背景

为了防止突然停电引发事故造成损失，经常要准备备用电源，如图 10-4 所示为双电源自动切换控制电路，也是重要施工现场常用的电路，请分析工作原理和安全注意事项。

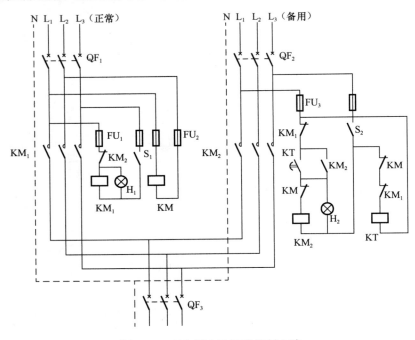

图 10-4　双电源自动切换控制电路

2）问题

① 施工现场双电源自动切换使用要注意哪些安全事项？

② 试述自动切换的工作顺序。

③ 为什么备用电源要延时投入？

3）分析与解答

① 正常供电电源的容量要满足施工现场所有用电的需要，通常备用电源的容量比正常电源的容量要小，当正常电源失电时，备用电源可确保施工现场重要负荷用电的需要，这是为了经济合理、节约费用开支的考虑和安排。为用电安全，正常电源和备用电源不能并联运行，电压值保持在相同的水平，尤其是两者接入馈电线路时应严格保持相序一致。

② 正常供电电源，通过隔离开关 QF_1、接触器 KM_1 和隔离开关 QF_3 等的主触头向

施工现场配电线路供电。正常供电时，合上 QF_1 和控制开关，接触器 KM_1 线圈通电，主触头闭合，合上 QF_3 向施工现场供电。合上 QF_1 时，中间继电器 KM 线圈吸合，与 KM_1 的常闭辅助触头一起打开 KM_2 的吸合线圈的电路，同时 KM 的另一常闭触头与 KM_1 另一辅助常闭触头串联后打开时间继电器 KT 的吸合线圈，正常电源供电时，合上 QF_2，KM_2 在控制开关 S_2 合上时，其吸合线圈无法通电，所以备用电源处于热备用状态，所谓热备用指的是接触器主触头电源侧带电。如正常供电电源因故障失电，KM_1、KM 吸合线圈释放，使备用电源控制电路中 KM、KM_1 的常闭触头闭合，接通时间继电器 KT 的线圈，时间继电器 KT 启动，经设定时间继电器 KT 的触头在备用电源控制电路中闭合，KM_2 线圈受电吸合，备用电源投入运行供电，同时 KM_2 的辅助触头在正常电源控制电路中打开了 KM_1 的吸合线圈电路，确保了不发生两个电源并联运行现象。

③ 正常电源发生故障的原因有多种，有些故障需检修后才能恢复供电，有些故障需供电线路能自行排除，如架空线路上的细金属丝短路，瞬时烧毁即可排除，有时大气过电压使电压继电器动作而失电，但未发生装置击穿现象等，所以正常电源可以很快自行恢复供电，备用电源的延时投入可以使正常电源自行恢复供电留有足够时间，这体现了对电源使用的选择性。

3. 通风与空调工程

（1）案例一

1）背景

A 公司承建的某大型航站楼机电安装工程中地下一层货运贮存仓库的通风工程，在安装就位结束后，需做试运转和风管系统综合效果测定工作，为此施工员做了技术准备和人员组织准备，并绘制测定用的系统测定草图，标明检测部位和测点位置，由于准备充分，整个测定工作按计划顺利完成。

2）问题

① 为什么通风系统风机测定十分必要？其测定的主要指标有哪些？

② 绘制系统测定用草图要注意的事项有哪些？

③ 风管系统风量调整的方法有几种？基本操作要求怎样？

3）分析与解答

① 通风机是空调系统用来输送空气的动力设备，其性能是否符合设计预期要求，将直接影响空调系统的使用效果和运行中的经济性，所以在空调系统试运转过程中，设备运转稳定后，要首先测定通风机的性能，性能的主要指标包括风压、风量、转速三个方面。

② 绘制通风系统测定用草图要注意以下事项：

A. 风机压出端的测定面要选在通风机出口而气流比较稳定的直管段上；风机吸入端的测定尽可能靠近入口处。

B. 测量矩形断面的测点划分面积不大于 $0.05m^2$，控制边长在 200~250mm，最佳为小于 220mm。

C. 测量圆形断面的测点根据管径大小将断面划分成若干个面积相同的同心环，每个圆环设四个测点，这四个点处于互相垂直的直径上。

D. 气流稳定的断面是选择在产生局部阻力的弯头三通等部件引起涡流的部位后，顺气流方向圆形风管 4~5 倍直径或矩形风管大边长度尺寸处。

③ 风口风量调整的方法有基准风口法、流量等比分配法、逐段分支调整法等。

基本操作要求是先对全部风口的风量初测一遍，计算每个风口初测值并与设计值比较，找出比值最小的风口作为基准风口，由此风口开始进行调整，调整借助风管上的三通调节阀进行，这是基准风口调整法的调整步骤。

而流量等比分配法调整，一般从系统最远管段即最不利的风口开始，逐步向风机调整各风口的风量，操作时先将风机出口总干管的总风量调整至设计值，再将各支干管支管的风量按各自的设计值进行等比分配调整。

逐段分支调整法只适用于较小的空调系统。

(2) 案例二

1) 背景

某公司承建的一工业厂房大型多台鼓风机组成的通风机房，风管布置复杂，相互重叠交叉多，施工前需对照图纸要求进行风管制作前的测绘工作，并绘制加工草图，以利于风管预制和日后的有序安装，由于施工员认真对待测绘工作，草图绘制明确，取得良好效果。

2) 问题

① 试述草图测量和绘制的必要性。

② 进行测绘时应检查的必备条件有哪些？

③ 测绘工作的基本内容有哪些？

3) 分析与解答

① 由于通风管道和配件、部件大部分无成品供应，要因地制宜按实际情况在施工现场用原材料或半成品组对而成，另外由于风管、配件、部件的安装如机械装配一样，刚度大，风管与风机、过滤器、加热器等的连接必须精准，不可强行组装，此外绘制加工安装草图可以将通风与空调工程的制作和安装两个工作过程合理地组织起来。

② 可以开展测绘的必备条件有风机等相关设备已安装固定就位，风管上连接部件如调节阀、过滤器、加热器等已到货或其形位尺寸已明确不再作更动，与通风工程有关的建筑物、构筑物已完成，结构尺寸不再作变动，风管的穿越建筑物墙体或楼板的预留洞尺寸、结构、位置符合工程设计，当然施工设计已齐全，且设计变更不再发生。

③ 基本内容有：

A. 核量轴线尺寸，风管与柱子的间距及柱子的断面尺寸，间隔墙及外墙的厚度尺寸。

B. 核量门窗的宽度和高度，梁底、吊顶底与地坪或楼板距离、建筑物的层高及楼板的厚度等。

C. 核量预留洞孔的尺寸，相对位置和标高。多（高）层建筑预留垂直孔洞的中心度。

D. 核量设备基础、支吊架预埋件的尺寸、位置和标高。

E. 核定风管与通风空调设备的相对位置、连接的方向、角度及标高。

F. 核定风管与设备、部件自身的几何尺寸及位置，包括离墙、柱、梁的距离及标高。

实测后，如风管系统的制作安装有部分不能按原设计或图纸会审纪要要求进行时，施工单位应及时与有关单位联系并提出处理意见。

4. 其他工程

(1) 案例一

1) 背景

如图 10-5 所示为一多层建筑的室内消火栓给水系统，请分析解答以下问题。

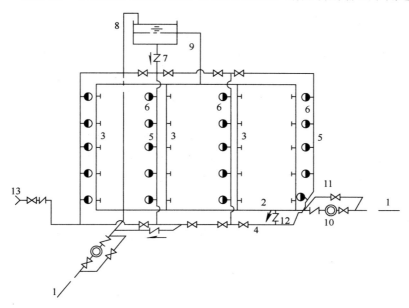

图 10-5　室内消火栓给水系统图

2) 问题

① 这个系统基本结构的特点是什么？

② 消防用水源有几个？

③ 三个单向阀的作用是什么？

3) 分析与解答

① 这是一个生活、生产和消防共用水源的环网供水的消火栓灭火系统，当屋顶高位水箱的水位低于一定水位时，水箱不再向生产、生活管网供水，仅可向消防消火栓管网供水。

② 消防用水水源有 4 个，分别是 2 个室外市政管网给水水源、装有计量水表，1 个屋顶高位水箱、可贮 10min 用的消防用水量，1 个水泵接合器，可以接受消防车向消防管网输水。

③ 水泵接合器处单向阀，为防止消防管网中水向外流淌，水箱底向消防管网的单向阀保证水箱只能向消防管网供水，使水泵接合器供水时不流向高位水箱。消防管网与生活、生产管网的连通管上的单向阀，为防止生活生产管网水压过低，消防管网向生活生产管网反送水流，总之这几个单向阀的作用是消防用水优先于生活生产用水的供水。

(2) 案例二

1) 背景

如图 10-6 所示是某公司施工的某厂建筑智能化工程中安全防范系统的巡更（巡查）

子系统的巡查线路图,自管理处出发,定时沿线巡查后返回管理处,图上标明了 15 个巡查点,每点装有数字巡查机或 IC 卡读卡器,以确保巡查信息的实时性。

2) 问题

① 电子巡查系统的线路怎样确定?其功能主要是什么?

② 电子巡查系统有几种形式?

③ 电子巡查系统巡查点的设置位置有哪些?

3) 分析与解答

① 电子巡查线路的确定要依据建筑物的使用功能、安全防范管理要求和用户的需要。其功能是按照预先编制的保安人员巡查程序,通过信息识别或其他方式对保安人员的巡防工作状态进行监督,以鉴别其是否准时、尽责、遵守程序等,并能够发现意外情况并及时报警。

② 常见的巡查形式有在线巡查系统、离线巡查系统和复合巡查系统三种。

③ 巡查点设置通常在建筑物出入口、楼梯和电梯前室、停车库(场)、主通道以及业主认为重要的防范部位,巡查点安装的信息识别器要较隐蔽,不易被破坏。

(3) 案例三

1) 背景

如图 10-7 所示为空调冷冻水管道直径 DN 大于 50mm 的绝热结构图,请分析说明以下问题。

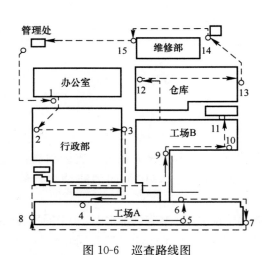

图 10-6 巡查路线图

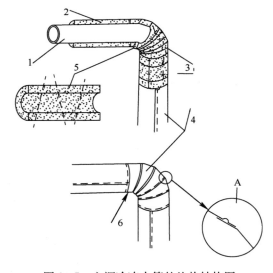

图 10-7 空调冷冻水管的绝热结构图

2) 问题

① 图 10-7 中的 1、2、3、4、5、6 分别表示什么?

② 分析详图 A 表示的意思和原因。

③ 如为保冷管道,尚应注意什么问题?

3) 分析与解答

① 图 10-7 中所示,1 为冷冻水管路的管子,2 为绝热层,3 为绑扎绝热材料的镀锌铁

丝，4为绝热材料外的金属薄板保护层，5为弯头处绝热材料切割示意图，6为金属薄板保护层第一节制作展开的指示。

② 详图A表明弯头处金属薄板保护层的搭接示意图，要求自水平管道转向垂直管道时，水平管道搭在垂直管道上面，垂直管道的上一节金属薄板外层搭在下一节金属薄板外层的外面，其目的是防止凝结水或其他溅水、淋水等流入绝热层而结冰导致破坏绝热效果，这一点对室外的绝热管道尤其重要。

③ 对保冷管道尚应注意冷桥的处理，即管子全程不要有与金属支架、穿墙金属套管、垂直管道承重金属托架间产生直接接触，以免影响绝热效果。

十一、施工质量控制点的确定

本章对房屋建筑安装工程施工质量控制点设立方法做简明的介绍，希望通过学习对安装工程质量控制的路径有所了解，能在施工作业中得到应用。

（一）技能简介

本节介绍施工项目部质量策划及其结果、并对质量员在质量管理方面的技能做原则要求，冀希通过学习能帮助提高质量控制能力。

1. 项目部施工质量策划

（1）中标后、开工前项目部首先要做的是编制实施的施工组织设计，而其核心是使进度、质量、成本和安全的各项指标能实现，关键是工程质量目标的实现，否则其他各项指标的实现失去了基础。因而通过施工质量策划形成的施工质量计划等同于施工组织设计，有的认证管理机构明确表示施工企业的某个工程项目的质量计划便是该项目的施工组织设计。

（2）施工质量策划的结果

1）确定质量目标

目标要层层分解，落实到每个分项、每个工序，落实到每个部门、每个责任人，并明确目标的实施、检查、评价和考核办法。

2）建立管理组织机构

组织机构要符合承包合同的约定，并适合于本工程项目的实际需要，人员选配要重视发挥整体效应，有利于充分体现团队的能力。

3）制定项目部各级部门和人员的职责

职责要明确，工作流程清晰，避免交叉干扰。

4）编制施工组织设计或质量计划

形成书面文件，按企业管理制度规定流程申报审核批准后实施。

5）在企业的通过认证的质量管理体系的基础上结合本项目的实际情况，分析质量控制程序文件等有关资料是否需要补充和完善，若需要补充完善则应按规定修正后报批，批准后才能执行。

2. 确定质量控制点的基础

（1）掌握岗位知识中质量控制点的含义和设立原则。

（2）按掌握的基础知识，区分各专业的施工工艺流程。

（3）熟悉工艺技术规律，熟悉依次作业顺序，能区分可并行工作的作业活动。

（4）能进行工序质量控制，明确控制的内容和重点，包括：

1）严格遵守工艺规程或工艺技术标准，任何人必须严格执行。

2）主动控制工序活动条件的质量，即对作业者、原材料、施工机械及工具、施工方法、施工环境等实施有效控制，确保每道工序质量的稳定。

3）及时检验工序活动的效果，一旦发现有质量问题，即停止作业活动进行处理，直到符合要求，判定符合要求的标准是各专业的施工质量验收规范，规范必须是现行的有效版本。如因"四新"被采用而规范中未作描述，但在工程承包合同中有所反映，则应符合合同的约定。

（二）案例分析

本节以案例形式介绍房屋建筑安装工程中质量控制活动的情况，并进行分析与解答，希望通过学习，以提高专业技能。

1. 给水排水工程

（1）案例一

1）背景

A 公司承建某职业技术学院教学楼机电安装工程，该大楼共 8 层，每层东西两侧均有卫生间，在土建工程施工时，项目部派出电气和管道两个班组进行配合，其中考虑到每层楼面的电气导管埋设较多，故电气作业队组力量较强，经验也较丰富，而管道作业队组的配合工作主要是卫生间管道（包括给水和排水工程）留洞、埋设立管的套管及复核在建筑施工图上的进水干管的留洞位置和尺寸，工作量相对较小，技术也不复杂，所安排的作业队组人数较少，由工作经历仅 2 年的班长带队，教学楼结顶后，安装工程全面展开。发现贯通 8 层楼面的卫生间立管的留洞不在一条垂直线上，虽经矫正修理，其垂直度允许偏差不能符合规范规定的要求。

2）问题

① 给水排水立管留洞位置失准属于什么阶段的控制失效？

② 什么因素影响了工程质量？

③ 这个质量问题属于什么性质？

3）分析与解答

① 由于安装工程正式开工要在建筑物结顶后，所以安装与土建工程的配合尚处于施工准备阶段的后期，这时有的专业如电气工程已发生工作量，且有实物形象进度，但如给水排水工程仅为留洞作业，不安排可穿插进行的某些部位的管道安装，只能认为其在做些施工的准备工作，因而发生的质量缺陷可以认为是事前阶段的质量控制失效。

② 从背景分析负责给水排水工程留洞和复核工作的班长工作仅 2 年，肯定经历经验不够多，也缺少有效的方法，所以说人的因素是影响质量的主要因素，当然也有可能有方法问题，例如将套管与楼板钢筋焊死后给以后的矫正工作带来较大的难度等不是很妥的做法。

③ 据《建筑给水排水及采暖工程施工质量验收规范》GB 50242—2002 第 4.2 节指明，立管的垂直度允许偏差属于一般项目，偏差不影响使用功能，仅影响观感质量，所以是一般质量问题不必返工重做，但可以在施工中做一些补救措施，即力争每层立管保持垂

直度允许偏差不超标,在每层楼板处做调整工作,钢管可以微弯曲,铸铁管在承插口处作调节。

(2) 案例二

1) 背景

B公司承建某五星级酒店的机电安装工程,正处于施工高峰期,项目部质量员加强了日常巡视检查工作,发现给水管竖井内的大规格管道的承重支架用抱箍坐落在横梁上构成,其构造不够合理,具体表现为抱箍用螺栓紧固后,紧固处两半抱箍间接触面无间隙,折弯的耳部无筋板,抱箍与管道贴合不实,局部有缝隙,说明抱箍不处于弹性状态,日后管道通水后重量加大,摩擦力不够,会使承重支架失去功能,管道因之而位移,导致发生事故。质量员要求作业班组整改重做。

2) 问题

① 给水立管承重支架被质量员发现构造不合理,是什么阶段的质量控制失效?

② 造成整改的原因,说明是什么因素影响了工程质量?

③ 质量员发现抱箍构造不合理,并用什么方法进行检查?

3) 分析与解答

① 质量员发现的管道承重支架有较大的质量缺陷是正处于施工高峰期,应属于事中阶段的质量控制,也就是施工过程中的质量控制,也是质量控制点之一。

② 从背景可知承重支架抱箍因构造不合理而返工,影响质量的直接因素是材料或成品,但成品的构造不合理又归结为固定的方法不合理,因而影响因素有方法的一面,但这些都是人为的,所以影响因素离不开人的作用,因而有的文章认为,影响工程质量的因素主要是人。

③ 质量员发现抱箍构造不合理,其检查方法为目测法,但为验证构造不合理会导致抱箍功能失效的检查方法要用实测法。

2. 建筑电气工程

(1) 案例一

1) 背景

A公司承建一住宅楼群的机电安装工程,楼群坐落于一个大型公共地下车库上面,工程完工投入使用,情况良好,机电安装工程尤其是地下车库部分被行业协会授予"样板工程"称号,为省内外同行参观学习的场所,项目部负责人主要介绍了地下车库的施工经验,包括编制切实可行的施工组织设计、进行深化设计,对给水排水、消防、电气、智能化、通风等各专业的工程实体按施工图要求作统一布排安装位置和标高,严格材料择优采购,加强材料进场验收,所有作业人员上岗前需进行业务培训,并到样板室观摩作业,采用先进仪器设备(如激光、红外准直仪)定位,合理安排与其他施工单位的衔接,加强成品保护,避免发生作业中对已安装好的成品的污染或移位,施工员、质量员实行每天三次巡视作业,及时处理发现的质量问题,用静态试验和动态考核相结合的办法把好最终检验关等。这些做法获得参观者的认同和好评。

2) 问题

① 项目部负责人的介绍说明了对哪些影响工程质量的因素进行了控制?

② 项目部对工程质量的控制是否全面？
③ 从背景分析项目部质量策划达到了哪些目的？
3）分析与解答
① 从背景可知，项目部负责人的经验介绍涉及了人员培训、采用新仪器带动了新施工方法的应用，对材料采购和验收加强了管理，做好成品保护改善作业环境条件等各个方面，实行了人、机、料、法、环（4M1E）全方位的控制，从而使工程质量得到保证而成为样板工程。
② 项目部对工程质量控制各个阶段都有针对性的活动，自事前的编制施工组织设计（质量计划）深化设计、人员上岗培训开始到事中的材料遴选、管理人员加强巡视检查工程质量，最终把好检查验收关，说明项目部在事前、事中、事后三个阶段都对工程质量实行了有效控制。
③ 项目部的质量策划有效，在质量目标（成为样板工程）、组织结构和落实责任、编制具有可操作性的质量计划、完善质量管理体系等各方面都有明显的成果被证明。
（2）案例二
1）背景
B 公司承建的某大学图书楼机电安装工程，其电气工程馈电干线为桥架内敷设的电缆，电缆敷设前对桥架的安装进行全面检查，发现电缆桥架转弯处有个别部位的弯曲半径太小，不能满足电缆最小允许弯曲半径的需要，必须返工重做，改成弯曲弧度大的 T 形接头。为查明原因，项目部召开了专门会议，经查，设计单位因容量增大进行设计变更，馈电干线截面积增加两个等级，发出了设计变更通知书，项目部资料员仅将设计变更通知书递送给材料员作变更备料用，未按质量管理体系文件规定应注明材料员阅办后，迅即传递至施工员处，通知施工作业班组更换桥架弯头，同时进行桥架敷设安装，材料员未见注明附言，认为资料员将同样的设计变更通知书已告知施工员，直至电缆敷设前施工员去电缆仓库领料，才发现馈电干线电缆已变更（变大），于是导致电缆敷设前对已分项验收过的电缆桥架实行全面检查。
2）问题
① 这是发生在什么阶段的质量失控事件？
② 这是什么因素影响了工程质量？
③ 背景所述事件应怎样整改？
3）分析与解答
① 施工过程发生设计变更信息传递中断，造成质量问题发生，应属于事中质量控制失效。
② 如果从五个影响因素分析，表面上看是人的因素起主导作用，即资料员的失职造成的，但背景中没有交代资料信息传递的控制性文件内容，于是也有可能控制性文件规定得不够完善而导致信息传递受阻，这就可以引申为第二个影响因素是方法问题。
③ 从背景分析两个影响因素，针对的整改措施如下：第一是对资料员进行培训，以提高其业务能力和责任心，第二是对项目部质量管理体系文件做评估，补充、修正和完善其不足的部分，促使质量保证体系运行正常，不留死角，避免再发生类似的质量事故。

3. 通风与空调工程

（1）案例一

1）背景

某市星级宾馆由 A 公司总承包承建，各专业分包单位均纳入其质量管理体系，但未做经常性培训，也不做日常的运行检查。工程完工，正式开业迎客前，A 公司邀请若干名相关专家，协助 A 公司对工程质量及相关资料进行全面检查，准备整改后申报当地的工程质量奖项，经现场检查，屋面、客房、地下室机房等安装工程质量符合标准，而最终大堂、墙地面均华丽质优，唯多专业配合施工的平顶上电气的灯具、通风的风口、消防的火灾探测器喷淋头、智能化的探头传感器等布置无序凌乱，破坏了建筑原有艺术风格，从观感上看非返工重做不可，否则评奖会成问题，于是在查审相关资料时，专门查验了有关质量控制文件，发现平顶上设备安装要先放样，召集土建、安装、装修共同协调确认后，才能开孔留洞进行施工，而且明确说明这个控制点属于停止点，但查阅有关记录，无关于协调确认的记载。

2）问题

① 酒店大堂平顶上安装施工质量失控是属于什么阶段的质量控制失效？

② 虽然质量控制文件有规定，平顶上安装部件要协调确认，但实际上未执行，在技术上属于什么性质？

③ A 总承包公司在这次质量问题中在管理上应汲取什么教训？

3）分析与解答

① A 公司虽然事前阶段做了较多准备工作，编制了质量控制文件，要在酒店大堂施工前先协调确认，并定为停止点，但在施工过程中未得到认真执行，于是可以认为质量失控发生在事中阶段。

② 在技术上是违反了工艺技术规律所导致的质量问题，只要按规定的顺序办理，就可以避免此类事故的发生。

③ A 总承包公司只是将质量管理体系文件发给各专业分承包公司要求执行，没有培训，也没有运行检查，在管理方法上违背了管理规律，即没有按计划、实施、检查、改进（P、D、C、A）循环原理实施有效控制，这是值得引以为训的。

（2）案例二

1）背景

A 公司承建某银行大楼的机电安装工程，其中通风空调机组的多台室外机安装在大楼的屋顶上，A 公司项目部为了贯彻当地政府有关部门关于节能的有关规定，对室外机组的安装使用说明书认真阅读研究，特别是对其散热效果有影响的安装位置及与遮挡物间的距离做了记录，准备在图纸会审时核对，在地下室安装玻璃钢风管时为做好成品保护，防止土建喷浆污染风管，将风管用塑料薄膜粘贴覆盖，土建喷浆结束，撕去薄膜再补刷涂料，为了做好通风风量调试工作，编制了专项施工方案，所有通风机及空调机的试运转过程都如预期一样较顺利地完成，整个通风与空调工程被评为优良工程。

2）问题

① 重视节能效果，做好设备的安装要求记录，属于什么阶段的质量预控？为什么？

② 做好玻璃钢风管的成品保护，属于什么阶段的质量预控？为什么？
③ 做好通风空调工程的调试和试运转施工方案并实施，属于什么阶段的质量预控？为什么？

3）分析与解答

① 做好图纸会审的准备工作属于事前质量控制阶段，因事前质量控制的内容包括施工准备在内，而熟悉设备安装使用说明书是施工准备中技术准备工作的一部分，所以划为事前阶段的质量控制。

② 做好玻璃钢风管的成品保护工作发生在施工过程中，应属于事中质量控制的活动，因为风管系统在交工验收之前要补刷一道涂料或油漆，保持外观质量良好，如不做好风管成品保护，被喷浆污染，不仅补漆时工作量大，除污不净也会影响涂装质量。

③ 试车调试试运转进行动态考核是检验安装工程质量的最终重要手段，为确保调试试运转活动达到预期的效果，通常都应编制相应的调试方案，所以其属于事后质量控制活动。

4. 其他工程

（1）案例一

1）背景

B公司在承建一学院办公楼的机电安装工程前，为了使工程中的消火栓安装和智能综合布线敷设能得到较好的质量评价，在员工上岗前进行了针对性的培训，要求认真学习两本施工质量验收规范，即《建筑给水排水及采暖工程施工质量验收规范》GB 50242—2002 和《智能建筑工程质量验收规范》GB 50339—2013，最终考核为两个分项的质量控制点设置，命题如下。

2）问题

① 室内消火栓的试射试验的位置在哪里？
② 箱式消火栓安装的控制点有哪些？
③ 综合布线的线缆敷设的控制点有哪些？

3）分析与解答

① 室内消火栓的试射试验是为检验工程的设计和安装是否取得预期的效果，选取的位置在屋顶层（或水箱间内，在北方较多）一处，首层两处，共三处。屋顶层检验系统的压力和流量，即充实水柱是否达到规定长度，首层两处检验两股充实水柱同时达到本消火栓应到的最远点的能力，充实水柱一般取为 10m。

② 室内消火栓一般装在消火栓箱内，消火栓箱是经消防认证的专用消防产品，箱内消火栓安装质量的控制点有：消火栓栓口的方向、与箱门轴的相对位置、栓口中心距地面的高度、阀门中心距箱侧面和距箱后内表面的距离。此外对箱体本身的垂直度也有控制要求。

③ 建筑智能化工程综合布线敷设的线缆是传递信号的路径，信号的量级小，因而敷设完成均要进行检查测试，以确保畅通无阻。检测的内容包括：线缆的弯曲半径，线槽敷设、暗管敷设、线缆间的最小允许距离，建筑物内电缆光缆及其导管与其他管线间距离，电缆和绞线的芯线终端接点，光纤连接的损耗值等。

(2) 案例二

1) 背景

A 公司承建 H 市一百货大楼机电安装工程，其中有动喷水灭火系统消防工程，A 公司施工项目部质量员为了防止作业队组把消防管网安装的要求混同于给水工程的要求，因而提出了需注意的质量控制点，主要表现在以下几个方面。

2) 问题

① 支管支吊架的位置与喷头之间的距离不小于 0.3m，支吊架与末端喷头之间的距离不大于 0.75m，为什么？

② 喷头安装应在系统试压冲洗合格后进行，为什么？

③ 在大堂、中厅等大面积部位，喷头除了要按规范要求布置外，尚需与风口、筒灯、火灾探测器等器件协调布置，为什么？

3) 分析与解答

① 主要是为了当发生火灾时，不影响喷头喷水的效果，如支架距离喷头太近，有可能发生挡水效应，末端喷头通常为悬臂安装方式，即喷头安装在支管探出支架之外的末端，距离太长，喷头喷水时因反作用力使支管抖动，同样会影响喷水效果。

② 这个要求有两层含义，一是不能在消防管网试压冲洗前安装上喷头，把喷头当作试压中的管子堵头用，致使喷头损坏，二是在试压冲洗后，管网内部清洁，基本无杂物，装上喷头后，火灾发生时，喷头洒水正常，避免发生水流堵塞现象。

③ 主要是各个器件在满足使用功能的前提下，在大堂、中厅等大面积部位上的布置应考虑合理性和美观性的统一，通常做法是画出布置草图，取得相关各方确认后实施。

十二、质量控制文件的编写

本章对施工活动中质量文件编制要点及交底注意事项作出介绍，通过学习，使学习者进一步提高认识和更好地掌握专业技能。

（一）技能简介

本节简要介绍质量文件的类别和编制流程，同时对如何进行质量交底、交底后跟踪检查环节的工作做出说明，以供应用中参考。

1. 技能分析

（1）质量文件的含义

在《建筑工程资料管理规程》JGJ/T 185—2009 和《建设工程文件归档规范》GB/T 50328—2014 两项标准中没有单独列出质量文件的说明，只能理解为是施工阶段形成的施工文件的一种。而按 ISO 9000 标准建立的质量管理体系文件是企业最高层次的质量文件，在项目部执行中，要以此为原则进行具体化。因此，就施工现场对质量文件的理解应是在施工全过程中关于质量管理而形成的书面文件的总称。

（2）质量文件的种类

就一个工程项目施工全过程而言，形成的质量文件大致有以下几种。

1）项目经质量策划后编制的质量计划。

2）对分项工程实行质量控制而编制的工序质量文件，如制造厂编制的工艺卡，与作业指导书有同样效力。

3）质量检查计划文件，是根据施工进度计划编制的有时间坐标的质量检查计划，包括检验和试验在内。

4）用数理统计方法分析质量情况的统计分析文件。

5）发生质量事故后的事故调查报告和事故处理报告。

6）工程施工质量验收中填写的各种质量验收记录及其说明。

7）其他（包括设备、材料进场验收的质量记录）。

（3）质量文件的形成

1）质量文件的形成与企业的管理制度有关，但总体上的流程是相似的。

2）质量计划、工序质量文件、质量检查计划、数据统计分析质量情况文件、质量事故调查报告和质量事故处理报告等书面文件一般都经过拟文编写、初审、修改、复审、上报审核、批准后实施等环节。

2. 质量交底

(1) 质量交底的组织

1) 质量交底文件已编制,内容包括:采用的质量标准或规范,具体的工序质量要求(含检测的数据和观感质量)、检测的方法,检测的仪器、仪表及其精度等级,检测时的环境条件。

2) 质量交底可以与技术交底同时进行,施工员可邀请质量员共同参加对作业班组的质量交底工作。质量员应能够根据质量交底的要求和相关内容为工程质量交底提供相关资料。

3) 通常在分项工程开工前进行质量交底,分项工程施工中如有特殊或关键工序,应组织作业前的专门质量交底。

4) 交底形式可组织作业班组全员参加,也可以对具体作业者进行交底,交底的手段可以多样化,如口头宣讲、书面文件、图示、动画、样板等,具体采用何种手段,视具体情况和需要而定。

5) 注意质量交底的工作质量,要允许提问、答疑,以达到认识统一为目的。

(2) 质量交底与技术交底的关系

1) 技术交底是施工作业前的活动,分多个层次进行,而交底的内容包括作业对象的情况、作业环境条件、作业方法、质量要求、安全防护措施、质量验收标准等,均是两者相同的科目,仅规模范围有区别,所以说技术交底包含了质量交底。而且交底者应是施工员在某个分项工程施工前对作业队组进行。

2) 质量员的质量交底应理解为分项工程施工作业前,对作业班组进行的,依据工序质量文件细化了的质量交底,内容包括:作业对象的特性、作业次序、质量要求、作业工具使用、检测质量的方法、检测工具的选用、质量记录的填写、完工后成品保护要点等。

(3) 质量交底的形式

质量交底可采用召集作业班组人员会议,进行口头交谈,交换意见释疑解惑,取得对交底内容的认同,也可以用书面文件告知的方式或者两种形式皆用。但是不论采用何种形式,按规定在交底后交底人与被交底人均应在交底记录上双方签字确认。

(4) 交底后实施的检查

实行交底,例如计划的布置,交底的成效如何,就需进行跟踪检查,这是 PDCA 循环原理的体现,也是管理工作的普遍规律,即实行闭环管理,而检查是关键,可以发现交底内容执行的效果,也可以知晓交底内容的符合性和可行性,同时可以修正交底中的不足之处,以利于提高质量交底本身的工作质量。

(二) 案例分析

本节以案例形式进一步举例说明质量文件编制和质量交底的方法和作用,以利于学习者提高专业技能。

1. 给水、排水工程

（1）案例一

1）背景

Z公司中标承建某大学学生宿舍楼机电安装工程，将给水排水工程分包给B劳务公司，该工程中给水管网不论管径大小均采用PP-R热熔管材，项目部质量员经调查，了解到施工作业的B劳务公司管工作业队仅做过20mm及以下的PP-R热熔管路，为此质量员编制了PP-R管热熔作业质量文件，重点控制热熔连接的工序质量，取得较好成效，使该学生宿舍楼给水工程的质量有了保证。

2）问题

① 质量员编制工序质量文件时，应从哪几个方面进行考虑？

② PP-R热熔管路试压要注意什么问题？

③ 质量员宜采用什么方法进行质量交底？

3）分析与解答

① 质量员编制质量文件目的是向作业班组进行质量交底，而PP-R管的安装关键是热熔连接的，因而重点考虑了影响热熔质量的几大因素，首先文件应指明作业人员要进行培训，尤其是大口径管道连接的培训，经实际操作考核合格才能上岗作业；其次要求熟悉热熔工具的使用，注意在不同气候温度下的加热时间及加热工具的操作开关的使用，再次如何在管端和管件上做好长度标识，以控制加热长度和相互的插入深度，并强调加热后插入时不能旋转；然后注意管端表面、管件内表面的清洁，使两者结合可靠；最后提醒加热场所应有防尘防风措施，避免尘沙或灰尘吹落在加热面的表面上，以免影响热熔质量。总之，质量员是从人、机、料、法、环（4M1E）五个影响质量的因素方面考虑，采取有针对性的措施而编制交底用的质量文件。

② PP-R管是热熔连接的塑料管，系统试压应在最后一个管口连接后降到常温（即管口温度与空气温度同）才能试压。试验方法和试验压力值与金属管道稍有区别。试验压力值为工作压力值的1.5倍，但不得小于0.6MPa，PP-R管试压时应在试验压力下稳压1h，压力降不得超过0.05MPa，然后在工作压力值的1.15倍状态下稳压2h，压力降不得超过0.03MPa，经检查所有接口处以不渗不漏为合格。对于这些内容，质量员应在编制的质量文件中加以说明。

③ 鉴于作业队无大口径PP-R管连接的经历，所以质量员以召集会议的方式进行质量交底，以利于沟通交流，达成共识，同时邀请有经验的师傅在交底会上示范操作，做出样板，效果较佳。

（2）案例二

1）背景

A公司承建的商住楼机电安装工程，地下一层为车库，地上三层为商场，商场以上为住宅楼标准层，由于建筑工程有结构转换层，所以其排水管网的路径较复杂，隐蔽情况也有区别，项目部质量员为确保隐蔽的排水管道隐蔽前不遗漏灌水和通球试验，为此专门编写了专项质量检查计划，同时为了贯彻节约用水原则，引进了灌水封堵机具，并形成了可推广的工法。

2) 问题

① 质量员怎样编写隐蔽排水管道的质量检查计划？

② 编制质量检查计划的前提是什么？

3) 分析与解答

① 质量员为了不遗漏排水管道隐蔽前的质量检验，编制了质量检查计划，计划用草图形式表示，草图依施工图绘制，有三种表达形式：

A. 地下车库平面草图。

B. 地上商场平面草图。

C. 商场以上住宅楼标准层草图。

每张草图注明需隐蔽的排水管道位置、管径、计划隐蔽时间，注明管径为方便选取通球球径，草图上还可用色标标示说明已经检查状态，这样可直观地知晓检查计划的执行情况，不致发生遗漏。

② 质量检查计划的编制要在施工进度计划编制确定后进行，需要施工现场施工员与质量员要密切配合，工作之间要相互衔接，彼此间要用书面文件相互告知。

2. 建筑电气工程

(1) 案例一

1) 背景

A公司项目部承建某学校教学大楼的机电安装工程，按制度规定，定期要进行质量检查，项目部质量员发现有些质量通病，虽经多次纠正，但某些作业人员还屡见不鲜，于是觉得很有必要召开一次对建筑电气工程质量通病防治讲解会，列入本季度质量工作计划，以求在认识上取得一致，使通病得到有效克服，为此质量员编写了有针对性质量交底文件，作为讲解会的中心发言。主要有以下几个要点：①暗配的开关盒、插座盒应清理干净；②自动化仪表盘的垂直度要进行控制；③接地绝缘铜电线，截面积不得小于 $4mm^2$；④要进行绝缘电阻抽检。

2) 问题

① 暗配的照明线路的开关盒、插座盒内要清除灰尘和砂土，是为了提高观感质量的要求吗？

② 自动化仪表盘的垂直度误差要控制，仅是为了整齐美观吗？

③ 接地用的绝缘铜电线规定为最小截面积是 $4mm^2$，但通过计算大多数只要 $1.5mm^2$ 足够了，因为回路上的熔丝额定电流比接地铜线的允许电流小得多，为什么？

④ 线路的绝缘电阻值，为什么质量员抽检测量值与作业班组施工时的检测值不一样？

3) 分析与解答

① 暗配线路盒箱内要清洁、无尘土灰沙，原因是防止灰沙尘土附着在绝缘体表面，吸收潮湿后，降低导电接点间的绝缘电阻值，换句话说，减少了爬电距离，而引起意外安全问题，尤其在沿海或潮湿多雨或相对湿度较大的场所要特别引起注意。

② 自动化仪表盘的控制其垂直度误差不仅是为了整齐美观，还是因为盘面上装有的自动化仪表或各种自动记录仪，其要求必须保持其规定的水平度或垂直度，才能准确正常地工作，否则就会失准。

③ 规定最小截面积为 $4mm^2$，不是从电气性能考虑的，而是从机械性能考虑的，因为截面积太小，容易受到外力干扰而断掉，失去接地保护的功效。

④ 这是正常现象，绝缘电阻测量时，受环境因素的影响较多，如温度、湿度、空气含尘量等。但有一条，不论何人、何时测量线路绝缘电阻值，均不应小于施工质量验收规范规定的规定值。

(2) 案例二

1) 背景

A 公司承建某体育中心机电安装工程，其电气工程的中央变配电所有高低压开关柜 60 余台，数量众多，且柜内结线和出线回路均无一台相类似，各个元器件的参数也不相同，其安装质量影响着体育中心是否能安全可靠运行，也对 A 公司的社会信誉有深刻影响，为此项目经理要求施工员和质量员会同对中央变配电所的柜盘安装编制质量交底文件，编制中特别强调要做好盘柜序列的排放编号，不能错位，同时对调试试运行也作了详细描述，编制完成，经审核修改批准，付诸实施，实施中加强跟踪检查，取得较好效果，促使体育中心的中央变配电所顺利受电和送电。

2) 问题

① 施工员与质量员会同编制的质量交底文件有哪几个方面？

② 为什么盘柜的位置（即序列编号）不能错位？

③ 变电所送电前应做些怎样的准备工作？

3) 分析与解答

① 体育中心中央变配电所盘柜安装的质量交底文件的编制，主要有设备的外观检查、施工作业的环境条件、盘柜基础型钢制作安装、盘柜的搬运、盘柜的就位、盘柜内二次回路结线及检查、电气调试和整定、盘柜的受电和送电等施工全过程的各个方面。

② 变配电所内盘柜的安装位置要按系统图和平面布置图的位号安装就位，不能错列、错位。如果排列有错且已固定，不仅影响线缆进出位置及线缆的敷设，同时还要对建筑智能化工程的接口接线和图纸进行修改，也对已作运行监视的预案（包括软件在内）的修正带来很大麻烦。所以不能错位，如已固定，返工的工作量很大。

③ 变配电所送电前应做的准备工作有：

A. 变配电所受电应备齐试验合格的验电器、绝缘靴、绝缘手套、临时接地铜线、绝缘胶垫、灭火器材等。

B. 进一步清扫盘柜及变配电室、控制室的灰尘。用吸尘器清扫电器、仪表元件，室内除送电需用的设备用具外，无关物品不得堆放。

C. 检查母线上、盘柜上有无遗留下的工具、金属材料及其他物件。

D. 明确试运行指挥者、操作者和监护人。检查送电过程和通电运行需用的票证、标识牌及规章制度应齐全、正确。

E. 安装作业全部完成，试验项目全部合格，并有试验报告。

F. 继电保护动作灵敏可靠，控制、联锁、信号等动作准确无误。

G. 编制受、送电盘柜的顺序清单，明确规定尚未完工或受电侧用电设备不具备受电条件的开关编号。

3. 通风与空调工程

(1) 案例一

1) 背景

B公司中标承建某大型医院的机电安装工程，其中通风与空调工程工程量大，有多个系统，还有手术室等的洁净空调，空调系统为中央空调系统，风管是镀锌钢板制成的矩形风管，为了使工程质量能满足用户需要，B公司项目部质量员制订了风管制作质量控制文件，在召集作业班组进行质量交底后，并进行书面考核以鉴定交底效果，有如下几个试题，请协助解答。

2) 问题

① 金属风管的连接形式有哪些？与板材的厚度关系怎样？
② 风管制作场所的作业条件有什么要求？
③ 洁净空调风管的作业条件有什么特殊的要求？

3) 分析与解答

① 金属风管的连接形式有：板材间的咬口连接、焊接；法兰与风管的铆接；法兰加固圈与风管的铆接或焊接连接。

金属风管的连接形式与板材厚度和板材材质的关系如下：钢板厚度小于或等于1.5mm采用咬接，大于1.5mm采用焊接；不锈钢钢板厚度小于或等于1.0mm采用咬接，大于1.0mm采用焊接（氩弧焊或电焊）；铝板厚度小于或等于1.5mm采用咬接，大于1.5mm采用焊接（氩弧焊或电焊）。

② 金属风管制作作业场所的条件应是：

A. 集中加工，应具有宽敞、明亮、洁净、地面平整、不潮湿的厂房。

B. 现场分散加工，应具有能防雨雪、大风及结构牢固的设施。

C. 作业地点要有相应加工工艺的基本机具、设施及电源和可靠的安全防护装置，并配有消防器材。

③ 洁净风管制作的作业条件还有：

A. 加工风管用镀锌钢板经洗涤剂清洗、擦净、干燥后堆放整齐，表面需油漆的应先涂上第一道油漆，并密封保护、防尘备用。

B. 制作现场应保持清洁，存放材料时应避免积尘和受潮；风管制作场地应相对封闭，并宜铺设不易产生灰尘的软性材料。

(2) 案例二

1) 背景

Z公司承建的星级宾馆机电安装工程有工程量较大的通风与空调工程，宾馆客房为风机盘管空调系统，空调水系统有设在裙房屋顶上的冷却塔，还有新风系统的空气处理室，项目部质量员为使空调设备的安装质量能满足业主要求，为此编制了质量交底文件向作业班组交底，鉴于冷水机组的安装由生产商负责，并配合试运转，所以质量员未进行质量文件的编写，由于质量员交底清楚务实，与设备生产商分工界面清晰，所以该星级宾馆的通风与空调工程试运转顺利，投入运行后正常。

2) 问题

① 质量交底文件中对风机盘管的安装注意事项有哪些？

② 质量交底文件中对冷却塔的安装有哪些技术要求？

③ 质量交底文件中对空气处理室的组装有哪些主要规定？

3) 分析与解答

① 风机盘管安装的注意事项有：

A. 《建筑节能工程施工质量验收规范》GB 50411—2019 要求：风机盘管机组应对其供冷量、供热量、风量、风压、出口静压、噪声及功率进行复验，复验应为见证取样送检；检查数量为同一厂家的风机盘管机组 500 台以下的抽检 2 台，每增加 100 台增加抽检 1 台，同工程项目、同施工单位且同期施工的多个单位工程可合并计算。

B. 风机盘管机组安装前宜进行单机三速试运转及水压检漏试验，试验压力为系统工作压力的 1.5 倍，试验观察时间为 2min，以不渗漏为合格。

C. 风机盘管机组应设独立支、吊架，安装位置、高度及坡度应正确、固定牢固；如有消声要求，需考虑弹性支、吊架和减振隔垫。

D. 风机盘管机组与风管、回风箱或风口的连接应严密、可靠；应考虑预留机组检修的检查口；空气过滤器的安装应便于拆卸和清理。

② 冷却塔的安装的主要技术要求有：

A. 冷却塔的型号、规格、技术参数必须符合设计要求。对含有易燃材料冷却塔的安装，必须严格执行施工防火安全的规定。

B. 基础标高应符合设计的规定，允许误差为±20mm。冷却塔地脚螺栓与预埋件的连接或固定应牢固，各连接部件应采用热镀锌或不锈钢螺栓，其紧固力应一致、均匀。

C. 冷却塔安装应水平，单台冷却塔安装水平度和垂直度允许偏差均为 2‰。同一冷却水系统的多台冷却塔安装时，各台冷却塔的水面高度应一致，高差不应大于 30mm。

D. 冷却塔的出水口及喷嘴的方向和位置应正确，积水盘应严密、无渗漏；分水器布水均匀。带转动布水器的冷却塔，其转动部分应灵活，喷水出口按设计或产品要求，方向应一致。

E. 冷却塔风机叶片端部与塔体四周的径向间隙应均匀。对于可调整角度的叶片，角度应一致。

③ 空气处理室组装的主要规定有：

A. 金属空气处理室壁板及各段的组装位置应正确，表面平整，连接严密、牢固。

B. 空气处理室喷水段的本体及其检查门不得漏水，喷水管和喷嘴的排列、规格应符合设计的规定。

C. 空气处理室表面式换热器的散热面应保持清洁完好。当用于冷却空气时，在下部应设置排水装置，冷凝水的引流管或槽应畅通，冷凝水不外溢；表面式换热器与围护结构的缝隙，以及表面式换热器之间的缝隙，应封堵严密；换热器与系统供回水管的连接应正确，且不渗漏。

十三、工程质量检查、验收

本章介绍房屋建筑设备安装工程分部分项工程的验收和检查方法，以及验收中查阅的资料，通过学习可以进一步明确施工质量验收的要义和掌握组织验收的技能。

（一）技能简介

本节以《建筑工程施工质量验收统一标准》GB 50300—2013 为核心介绍了房屋建筑安装工程各分部工程质量验收的要点及操作流程。

1. 技能分析

（1）建筑工程质量验收的划分，单位工程、分部工程、分项工程、检验批等合格的规定，验收的组织、验收的程序等见质量员岗位知识第一章第二节。

（2）工程验收记录的签署确认人。

1）施工现场质量管理检查记录

① 自查结果由施工单位项目负责人签字。

② 检查结论由总监理工程师签字。

2）检验批质量验收记录

① 施工单位检查结果由专业工长和项目专业质量检查员联名签字。

② 监理单位验收结论由专业监理工程师签字。

3）分项工程质量验收记录

① 施工单位检查结果由项目专业技术负责人签字。

② 监理单位验收结论由专业监理工程师签字。

4）分部工程质量验收记录

在确定综合验收结论后，施工单位、勘察单位、设计单位的项目负责人均应签字确认；监理单位由总监理工程师签字确认。

5）单位工程质量竣工验收记录

在确定综合验收结论后，参加验收的建设单位、施工单位、设计单位、勘察单位的项目负责人均应签字确认；监理单位由总监理工程师签字确认，同时在记录上加盖各单位的公章。

6）单位工程质量控制资料核查记录

其结论由施工单位项目负责人和总监理工程师签字确认。

7）单位工程安全和功能检验资料及主要功能抽查记录

其结论由施工单位项目负责人和总监理工程师签字确认。

8）单位工程观感质量检查记录

验收人员通过观察、触摸、简单测量及其经验现场进行检查，其观感质量综合评价和结论由施工单位项目负责人和总监理工程师签字确认。

2. 安装工程质量验收的资料

(1) 施工现场质量管理资料

1) 项目部质量管理体系。
2) 现场质量责任制。
3) 主要专业工种操作岗位证书。
4) 分包单位管理制度。
5) 图纸会审记录。
6) 地质勘察资料。
7) 施工技术标准。
8) 施工组织设计、施工方案编制及审批。
9) 物资采购管理制度。
10) 施工设施和机械设备管理制度。
11) 计量设备配备。
12) 检测试验管理制度。
13) 工程质量检查验收制度。

(2) 工程质量控制资料

1) 给水排水与采暖工程

① 图纸会审记录、设计变更通知单、工程洽商记录。
② 原材料出厂合格证书及进场检验、试验报告。
③ 管道、设备强度试验、严密性试验记录。
④ 隐蔽工程验收记录。
⑤ 系统清洗、灌水、通水、通球试验记录。
⑥ 施工记录。
⑦ 分项、分部工程质量验收记录。
⑧ 新技术论证、备案及施工记录。

2) 通风与空调工程

① 图纸会审记录、设计变更通知单、工程洽商记录。
② 原材料出厂合格证书及进场检验、试验报告。
③ 制冷、空调、水管道强度试验、严密性试验记录。
④ 隐蔽工程验收记录。
⑤ 制冷设备运行调试记录。
⑥ 通风空调系统调试记录。
⑦ 施工记录。
⑧ 分项、分部工程质量验收记录。
⑨ 新技术论证、备案及施工记录。

3) 建筑电气工程

① 图纸会审记录、设计变更通知单、工程洽商记录。

② 原材料出厂合格证书及进场检验、试验报告。
③ 设备调试记录。
④ 接地、绝缘电阻测试记录。
⑤ 隐蔽工程验收记录。
⑥ 施工记录。
⑦ 分项、分部工程质量验收记录。
⑧ 新技术论证、备案及施工记录。

4) 建筑智能化工程
① 图纸会审记录、设计变更通知单、工程洽商记录。
② 原材料出厂合格证书及进场检验、试验报告。
③ 隐蔽工程验收记录。
④ 施工记录。
⑤ 系统功能测定及设备调试记录。
⑥ 系统技术操作和维护手册。
⑦ 系统管理、操作人员培训记录。
⑧ 系统检测报告。
⑨ 分项、分部工程质量验收记录。
⑩ 新技术论证、备案及施工记录。

5) 建筑节能工程（安装工程部分）
① 图纸会审记录，设计变更通知单、工程洽商记录。
② 原材料出厂合格证书及进场检验、试验报告。
③ 隐蔽工程验收记录。
④ 施工记录。
⑤ 设备系统节能检测报告。
⑥ 分项、分部工程质量验收记录。
⑦ 新技术论证、备案及施工记录。

6) 电梯安装工程
① 图纸会审记录、设计变更通知单、工程洽商记录。
② 设备出厂合格证书及开箱检验记录。
③ 隐蔽工程记录。
④ 施工记录。
⑤ 接地、绝缘电阻测试记录。
⑥ 负荷试验、安全装置检查记录。
⑦ 分项、分部工程质量验收记录。
⑧ 新技术论证、备案及施工记录。

(3) 单位工程安全和功能资料核查及主要功能抽查记录
1) 给水排水与采暖工程
① 给水管道通水试验记录。
② 暖气管道、散热器压力试验记录。

③ 卫生器具满水试验记录。
④ 消防管道燃气管道压力试验记录。
⑤ 排水干管通球试验记录。
⑥ 锅炉试运行、安全阀及报警联动测试记录。
2）通风与空调工程
① 通风、空调系统试运行记录。
② 风量、温度测试记录。
③ 空气能量回收装置测试记录。
④ 洁净室洁净度测试记录。
⑤ 制冷机组试运行调试记录。
3）建筑电气工程
① 建筑照明通电试运行记录。
② 灯具固定装置及悬吊装置的载荷强度试验记录。
③ 绝缘电阻测试记录。
④ 剩余电流动作保护器测试记录。
⑤ 应急电源装置应急持续供电记录。
⑥ 接地电阻测试记录。
⑦ 接地故障回路阻抗测试记录。
4）建筑智能化工程
① 系统试运行记录。
② 系统电源及接地检测报告。
③ 系统接地检测报告。
5）建筑节能工程（安装工程部分）
设备系统节能性能检查记录。
6）电梯安装工程
① 运行记录。
② 安全装置检测报告。
(4) 观感质量检查部位
1）给水排水与采暖工程
① 管道接口、坡度、支架。
② 卫生器具、支架、阀门。
③ 检查口、扫除口、地漏。
④ 散热器、支架。
2）通风与空调工程
① 风管、支架
② 风口、风阀。
③ 风机、空调设备。
④ 管道、阀门、支架。
⑤ 水泵、冷却塔。

⑥ 绝热。
3) 建筑电气工程
① 配电箱、盘、板、接线盒。
② 设备器具、开关、插座。
③ 防雷、接地、防火。
4) 建筑智能化工程
① 机房设备安装及布局。
② 现场设备安装。
5) 电梯安装工程
① 运行、平层、开关门。
② 层门、信号系统。
③ 机房。

（二）案例分析

本节以案例形式介绍房屋建筑安装工程质量检查验收的有关注意要点，希望通过学习能提高学习者的工作技能。

1. 案例一

（1）背景

某商务楼地下2层，是动力中心和汽车库，设有中央变电站和供水加压泵房及空调制冷机组等各类设备，汽车库有通风机房和自动喷水灭火系统，地上3层为商场，除常规的给水排水工程、建筑电气动力照明工程、通风与空调工程（中央空调送风），还有安全防范监控系统、自动喷水灭火系统与地下车库的管网相通，地上3层以上是标准层的商务用房，中间设有避难层，以避难层为界，上下各设有独立的10kV/0.4kV变电所一个，供水系统也设有独立的泵房，排水系统经消能处理后纳入大楼室外地下排水总管，通风与空调系统为风机盘管加新风系统，建筑智能化工程由于用户待定，仅安装公用部分的安全防范系统和消防火灾报警装置，每层只安装建筑智能化工程电源供给点，待日后确定用户后，由用户与施工单位签约后实施其他智能化工程。大楼共地下2层，地上32层。A公司中标后，按业主建设意向签订工程承包合同，要求商场和地下车库先投入使用。B公司分包该工程的机电安装工程。在施工准备阶段，对该工程的检查验收进行了策划。

（2）问题

1）A公司和B公司在工程质量验收工作中有什么区别？
2）B公司怎样划分工程的质量验收？
3）怎样进行建筑电气工程的观感质量验收？

（3）分析与解答

1）A公司是总承包单位，该大楼的单位工程质量验收的准备工作和资料及提交单位工程验收报告，应由A公司负责办理。B公司负责该大楼专业分部工程的施工，属于分包施工单位，应对分包工程项目按规定进行检查评定，进行时应邀请总包单位派员参加，分包工程完成后，应将工程有关资料移交给总包单位。

2）B公司在施工准备阶段策划质量验收工作时，认为该单位工程由两个子单位工程组成，依据工程未经检查验收、不得投入使用的原则，因而大楼的3层以下及地下2层可作为一个子单位工程，可以先施工、先验收、先使用，地上3层以上为另一个子单位工程，每个子单位工程内都有给水排水、建筑电气、通风与空调、消防、建筑智能化等子分部工程，电梯属于特种设备，按规定由建设单位另行发包给制造厂承装，不再列入B公司的分部或子分部工程清单目录。由于两个子单位工程的各个安装专业分部工程的系统结构有差异，所以要准备有针对性的施工技术资料记录的表式。

3）建筑电气工程观感质量检查的部位，主要有变配电所内的盘柜等设备、自然间的灯具、插座和开关及接线箱盒、屋顶上的避雷网等，还有明敷的电缆桥架、线槽等。

2. 案例二

（1）背景

某住宅小区续建4幢住宅楼，是普通砖混结构的民居，业主将工程发包给A公司承建，考虑到其中机电工程较简单，仅有给水排水工程和电气照明工程，于是在签订工程承包合同时，提出该工程的机电安装工程分包给经常为小区维修的B修建公司，A公司承诺进行总包管理，工程完工，业主（建设单位）组织质量检查验收，发现安装工程的实体质量尚好，但查阅验收资料时瑕疵较多，为此质量验收组召集B公司有关人员进行专门讲评，目的是促使B公司提高工程资料的质量，总包A公司也派员参加，讲评涉及的问题有以下几个方面。

（2）问题

1）工程的资料记录基本要求是什么？
2）如何正确填写各种检验试验的结果？
3）怎样正确使用法定计量单位？

（3）分析与解答

1）工程资料记录的基本要求是真实、准确、完整、齐全、有可追溯性，能反映工程实体的面貌，要求及时形成，与工程进度同步填写，不要写成回忆录，更不允许弄虚作假，签字人员应是实际作业或管理人员，不要代签，因为其隐含着对事实负有法律责任。切莫委托违法的咨询公司做假资料。

2）检验试验方法有观察、测量、仪器检测等，其结果是用数据表示为主，辅以观察时对外形的判断。所以记录中要填写数据或对外形的描述，不要以"符合要求""符合规定""合格"等笼统的不确切的文字表达，这也是判断资料真伪的一种方法。比如电线的绝缘电阻测定应×××MΩ表示，管道强度试验应填写压力下降值0.×××MPa等。

3）记录中的单位名称，应用法定计量单，且字体要规范，例如质量为克，电压为伏，外文符号kg的k为印刷体小写，长度米用m而不是M等，要养成习惯，减少出错。

3. 案例三

（1）背景

A公司承建某住宅小区13幢楼的机电安装工程，包括室外的给水管网和电气照明工程，供水由独立的水泵房供给，其中不锈钢水箱分包给 B 公司组装，水泵房安装结束，经 A 公司检查验收，发现水箱的焊缝有局部裂缝，经分析系焊接电流太大所致，B 公司进行了处理。该工程完工后，经检查验收合格并交付使用。

（2）问题

1）该项目共有几个单位工程？

2）为什么水泵水箱经处理后，工程仍为合格工程？

3）A 公司是否可以作为单位工程验收的施工单位主体？

（3）分析与解答

1）据背景可知，该项目共有 13 个独立的建筑物，即有 13 个单位工程，再加上 2 个专业的室外单位工程（供水管网与室外电气照明），于是该项目共有 15 个单位工程。

2）据水泵房不锈钢水箱有局部裂纹，经查明原因并进行返修处理后，重新验收为合格，依据统一标准规定，所以该工程为合格工程。

3）A 公司是该项目工程的机电安装工程施工的分包单位，不能成为单位工程验收时的施工单位的主体，主体应是建筑工程的施工总承包单位，但是 A 公司应参加单位工程的施工质量的验收活动。

4. 案例四

（1）背景

A 公司在新的《建筑工程施工质量验收统一标准》GB 50300—2013（以下简称统一标准）于 2014 年 6 月 1 日实施前，为了使各施工项目部岗位专业人员能正确使用，举办了一期专门培训班，并进行测试，以了解培训效果，其试题中有如下几例。

（2）问题

1）检验批的质量验收记录应由谁负责填写？

2）室外工程的室外环境子单位工程包含哪几个分部工程？

3）什么样的工程严禁验收？

（3）分析与解答

1）依据统一标准附录 E 提供的检验批质量验收记录表式中，施工单位在检查结果确认栏中有专业工长和项目专业质量检查员的签字确认位置可知，检验批质量验收记录应由施工单位的专业工长和专业质量员共同负责填写，专业工长可以是专业施工员或专业作业队长。

2）室外环境子单位工程包含建筑小品、亭台、水景、连廊、花坛、场坪绿化、景观桥等分部工程。

3）统一标准第 5.0.8 条明确规定，经返修或加固处理仍不能满足安全或重要使用要求的分部工程及单位工程，严禁验收。

十四、质量缺陷的识别、分析和处理

本章对施工中各专业工程的质量缺陷及其处理方法进行介绍，要求学习者能在现场进行识别处置，以说明其技能水平。

（一）技能简介

本节主要介绍质量缺陷的定义和成因，以及识别方法，希望在实践中参考应用。

1. 质量缺陷的成因和处理

（1）定义

建筑安装工程的质量缺陷是指施工形成的建筑产品质量不符合相关质量标准的规定或与工程承包合同中对质量要求的约定有悖，但其不会影响使用功能和造成结构性的安全隐患，即使返工重做也不会发生规定数额以上的经济损失，也不会有永久性不可弥补的损失（即在今后维护检修时可以纠正），总之这类质量问题并未达到无法容忍不可接受的程度。

（2）原因

施工中违反了施工质量验收规范中一般项目的有关规定，绝大部分是关于观感质量的规定。

（3）处理

1）通常由施工单位自行返修解决。

2）返修实有困难或迫于使用时间临近，经与发包方协商，取得谅解让步接受。

3）进行经济补偿，即在结算时扣除约定的款项。

2. 质量缺陷的识别方法

（1）标准的具体化

有切实具体的标准，如工程的质量标准、安全操作规程、设备机械工具安全使用标准和完好状态标准、作业环境安全标准等。

（2）度量的可行性

通过必要的技术手段（如检测试验、工程资料追溯检查）和目视观察检查等进行科学客观的度量。

（3）比较与判定

即将度量的结果与标准的规定进行比较，比较的结果可以判定现实与标准间的符合性，为下一步的工作提供决策依据。

（二）案例分析

本节通过案例形式说明对施工现场发现质量和安全方面的问题，并提出处理意见，通过分析，以提高学习者工作技能。

1. 案例一

（1）背景

A公司分包承建某银行大楼的建筑设备机电安装工程，大楼竣工验收前，总包方要求各分包方对所承建工程的质量全面自检一次，以消弭质量通病，做好竣工验收的准备工作，为此A公司质量管理部门会同项目部进行了银行大楼施工质量的检查，发现下列问题，并提出对策。

事件一：消火栓和自动喷水灭火系统的管网，其丝扣连接的镀锌钢管接口处没有把麻丝清除干净，也没有对外露丝扣做油漆防腐工作。

事件二：在11楼走廊上安装的长方形嵌入式照明配电箱的侧边和底边明显与走廊贴面大理石的水平或垂直接缝不够平行，说明照明配电箱安装的侧边垂直度或底边水平度有问题。

事件三：在大会议室通电试灯时，发现照明开关通电顺序与灯具亮灯顺序不一致，不方便灯具的亮灯控制。

（2）问题

1）事件一的质量缺陷应怎么处理？为什么？

2）事件二的质量缺陷应怎么处理？为什么？

3）事件三的质量缺陷应怎么处理？为什么？

（3）分析与解答

1）镀锌钢管丝扣连接处的麻丝要清除干净，目的不是为了提升观感质量，而是为了对外露丝扣部分方便做油漆防腐处理，以保证防腐质量，因为套丝时破坏了镀锌层，不做防腐处理会影响使用寿命，所以项目部决定组织人力清除镀锌钢管接口处的麻丝，并涂刷防腐漆。

2）嵌入照明配电箱的安装垂直度或水平度有超差，影响观感质量是一种质量缺陷，不影响安全使用和使用寿命，况且建筑物装饰面已完工，若要重新安装，返工损失较大，效果也不一定达到预期设想，所以项目部认为要与发包方协商，期望取得谅解，并建议日后装修改造时，由项目部或A公司本部来负责纠正，且愿意预扣押金。

3）照明开关的控制顺序与亮灯顺序不一致，也是不符合规范要求的质量缺陷，对使用带来不便，也给维护工作带来麻烦，所以必须纠正，纠正工作也不难，消耗不可能太大，只要改变一下接线位置，即可符合要求，所以A公司项目部决定返工重做。

2. 案例二

（1）背景

B公司为了提高工程质量，经常组织各施工项目部间的观摩交流创优经验，每次的小结会上，由企业的质量管理部门负责人对观摩中发现的质量缺陷进行讲评，并提出改进意见。这次讲评的内容有以下所提出的问题。

(2) 问题

1) 空调机冷冻水管道经二次安装后，发现焊缝周边飞溅多，观感质量不佳，应如何克服？

2) 法兰连接的镀锌无缝钢管，其螺栓普遍太长，螺纹露出螺母都超过2～3扣，这个现象有什么坏处？

3) 地下室的风管用黑色泡沫塑料保温后多处遭到土建喷浆施工的严重污染，主要原因是什么？

(3) 分析与解答

1) 空调工程用的冷冻水或冷却水的总管大多用大口径无缝钢管经电焊连接预制，活口处以法兰连接，为了防腐良好，要在组对完成后，分段拆下送镀锌厂热镀锌，镀锌回来再组对安装称二次安装，安装后检查发现飞溅较多，已不太好处理，若用扁铲剔除焊缝的飞溅部分，必然会损伤管道的镀锌层，得不偿失，所以要克服这些观感质量缺陷，应在焊接完成后马上用扁铲或手提砂轮机去除焊接飞溅物（此时比较容易去除），清除工作必须在送镀锌厂前完成。

2) 法兰连接用螺栓不宜过长，只要保持螺母紧固在螺栓的有效长上即可，过长既浪费材料又增大成本，如过长螺杆外露，日常维护不佳，螺纹生锈严重，会给今后检修带来困难。

3) 主要原因是风管施工者和土建喷浆施工者的成品保护意识不强，也有工作协调不够或工序安排不合理的原因，如由于客观要求把风管的泡沫塑料保温安排在土建喷浆施工前完成，则风管安装者要采取措施做好成品保护，例如用塑料薄膜将风管表面覆盖起来，待投运前再拆除。

3. 案例三

(1) 背景

A公司分包承建某技师学院迁建工程的教学楼和学生宿舍水电安装工程，先后有多项单位工程，A公司施工项目部为了持续提高工程质量，在首幢学生宿舍完工后，安排质量员进行全面检查，并召集全体作业人员对检查中发现的质量缺陷进行讲评，并讨论纠正的方法，冀希在后续的单位工程中有所克服，其中对给水工程中以下几个典型的质量缺陷进行了讲评。

(2) 问题

1) 拖把盆给水的明装水平支管无坡度，与规范要求不符，要理解其规定的缘由是什么？

2) 嵌装在混凝土墙体的消火栓箱体垂直度普遍超过允许偏差，是什么原因造成的？

3) 给水管道的支架间距虽然没有超过规范规定的最大允许间距，但间距有大有小，不够均匀，影响观感质量，应怎样纠正？

(3) 分析与解答

1) 施工规范要求，给水的水平管道要有2‰～5‰的坡度，而且应坡向泄水装置（即背景中的拖把盆），目的是停水检修时能放净水管中的剩水，防止检修工作时弄得遍地是水，带来工作或生活的不便。

2) 消火栓箱安装的垂直度允许偏差为 3mm，是观感质量要求，造成超差的原因主要是留洞的质量不好，即预留用模盒太小或形状不准确，其次是消火栓箱安装时，作业人员未按允差要求严格控制，认真对其预留孔的尺寸仔细复核或修正。

3) 支架间距不够均匀主要是支架安装作业方法不当造成的，应该是先测量定位直管段首末两端的支架位置，然后按规定间距均分中间支架的位置，使其既不超过规定的最大允许支架间距，又做到支架间距均匀美观。

4. 案例四

(1) 背景

B 公司承建某商场的自动喷水灭火消防工程，为了不出现常见的质量通病（质量缺陷），故项目部质量员在开工作业前对作业人员进行了有针对性的质量交底，并说明理由，加深了理解，使作业质量有所提高，受到业主好评。以下三个问题反映了质量员在消防管网交底的主要内容。

(2) 问题

1) 消防管道穿过建筑物变形缝处应怎么处理？

2) 消防管道穿过墙体或楼板应怎么处理？

3) 怎样选择管网系统试压用的压力表？

(3) 分析与解答

1) 按以下要求处理：

① 在墙体两侧采取柔性连接并设置固定管架；

② 在穿墙处做成方形补偿器，水平安装；

③ 在管道或保温层外皮上、下部留有不小于 150mm 的净空。目的是防止建筑物发生沉降，切断管道。

2) 管道穿过墙体或楼板时应加设套管，穿墙套管两端应与墙面平齐，穿楼板的套管下端应与楼板底面平齐，上端高出楼板净面 50mm，管道的接口不应位于套管内，套管与管道的间隙四周均匀且不小于 10mm，间隙应采用柔性不燃材料（如石棉绳）填塞密实。目的是保护消防管道和不使楼板漏水。

3) 试压用压力表不少于 2 只，精度不低于 1.5 级，量程应为试验压力值的 1.2～2 倍。压力表检定合格，且在检定有效期内。目的是确保试压的有效性和可靠性。

十五、质量事故的调查、分析和处理

本章对质量员在处理质量问题时应起的作用作出介绍,以利于其提高工作能力。

(一)技能简介

本节以说明处理质量问题应具备的主观条件和客观需要为主作出介绍,以利于实践中应用。

1. 技能分析

(1)已掌握质量管理基本知识中对质量问题的分类,明确了质量缺陷和质量事故的根本区别。

(2)了解工程所在地有关法规对质量问题造成经济损失达到判定为质量事故的额定值。

(3)基本掌握给水排水工程、建筑电气工程、通风与空调工程、建筑智能化工程、自动喷水灭火工程等的施工质量验收规范的主要条款,尤其要掌握其中的强制性条文。

(4)熟悉各专业施工用主要材料或设备的产品制造技术标准,或者知晓这种制造技术标准可通过何种渠道进行检索。

(5)备有已公开出版的各专业质量通病防治手册或类似的图册。

2. 质量问题的原因分析

(1)对影响质量的五个因素,即作业人员、施工机械、施工用材料、施工工艺方法、作业环境(4M1E)概念明确,熟知怎样控制,并能用数理统计的方法进行分析。

(2)管理方面的主因

1)缺乏质量意识

① 项目施工组织者或管理者或作业者缺乏质量意识,没有牢固树立"质量第一"的观念。

② 缺乏质量意识的情况下,导致违背施工程序不按工艺规律办事,不按规范要求作业,不按技术标准严格检查,忽视工序间的交接检查,总之指挥者或作业者没有按质量责任制的规定各负其责。

2)管理混乱

① 项目部的组织机构的设置及人员配备不能适应工程项目施工管理和施工作业的需要。

② 由于不适应需要,表现为技术能力、质量管理能力不足,导致发生使用不合格的材料、不能正确采用合理的工艺、工序衔接混乱等现象的发生,使质量问题频发。

3)施工方法不当且缺少监督机制

虽然有各种关于质量管理的规章制度和施工作业的规程、工艺标准等技术质量文件，但施工作业中不认真执行，作业者凭经验施工操作，缺少监督检查，导致发生各类质量缺陷，如镀锌钢管焊接连接、支架开孔用气焊割孔、多股电线与灯具端子连接不搪锡、洒水灭火喷头用手扭拧、安全防范监视屏盘面不平、通风风管制作翻边不足 6mm 等。

4）环境因素考虑不全

未在施工工艺要求的环境下进行作业，如焊接时风雨较大，油漆时湿度大被刷涂表面不干燥、油浸变压器吊芯检查时空气相对湿度较大超过规定值、塑料管安装或塑料电缆或塑料电线敷设在极低温度下超过了产品允许的低温作业的温度，这些恶劣的环境条件，如不采取措施进行改善，势必影响工程质量而形成质量问题。

3. 处理职责

（1）质量员属项目部基层质量管理人员，直接负责施工作业队组的作业质量的指导和监督，消除或减少质量缺陷是其应尽的职责，同时要积累资料，经分析整理，及时或定期向项目部领导层汇报工程质量问题的发展趋向。

（2）发生质量事故后，按相关程序进行报告，接受调查。对于大部分的事故，质量员要参与调查活动，但涉及质量员所属项目部工程的质量事故，如与质量员错误指导有关，则该质量员不能参与调查，而成为被调查的对象。

（二）案例分析

本节通过案例介绍质量问题的现象及原因分析，以及如何处理，以供在实践中应用。

1. 给水排水工程

（1）背景

A 公司为西北地区一机电安装工程公司，应邀承建一东部大型核电厂生活区的地下供水管网工程，时值夏季，地下供水管道进水干管自市政管道引入，为直径 630mm 的镀锌无缝钢管，引入的直管段的长 750m，施工作业自市政管网提供的阀门开始向生活区引申，发生事故时已安装了二分之一，管道连接均用法兰连接，规范说明室外供水管道可以每1km作一段试压，所以没有回填土，技术交底要求，为防止动物进入管内，每日下班要用盲板将管端封堵。次日午夜，突降雷阵雨，室外管沟满水，管沟边坡塌方，管道上浮，撕裂进口处法兰焊缝，沟底淤泥堆积，均需返工处理，由于损失金额已超过规定额定值，形成质量事故。

（2）问题

1）从背景分析是什么环节造成事故的原因？

2）影响质量的直接因素是什么？

3）这起事故调查处理程序应怎样？

（3）分析与解答

1）应该说，这起事故有点像天灾，但并不属于不可抗力的作用，主要是事前质量控制的要素施工方案不够完善，通常这样条件的施工采取措施有三条：一是完成一段管道安装,除接口处外要进行局部回填土,二是管沟横向设有排水沟,三是方案中要规定与气象部门每日沟通,尤其在雷雨多发季节,技术交底中增加盲板封堵,仅考虑了有利的一面,忽略了增加浮力的有害一面。

2)这起事故的直接影响因素是环境,是久在西北地区施工的A公司缺乏对东部地区的环境条件的调查研究所致。

3)质量事故的调查处理程序是:

① 事故报告;

② 现场保护;

③ 事故调查;

④ 编写事故调查报告;

⑤ 形成事故处理报告。

2. 建筑电气工程

(1) 背景

A总承包公司承建某医院病房大楼,其机电工程由B公司分包,A公司质量员在巡视检查B公司施工的照明工程时,发现链吊日光灯表面被土建施工喷浆污染;暗敷的镀锌钢导管用焊接ϕ6钢筋做跨接接地线;带有仪表和按钮的照明配电箱导管入口处有气割现象、箱门接地连接导线松动等,于是查阅B公司相关技术交底文件,认为不够完善,提出意见要求改进,使这些质量缺陷得以在后续工程中避免发生。

(2) 问题

1)链吊日光灯应怎样防止污染?

2)镀锌钢导管应怎样做跨接接地?

3)为什么配电箱不能气割开孔?箱门接地连接导线发生松动的原因是什么?

(3) 分析与解答

1)链吊日光灯发生污染的原因之一是施工程序安排失当,应该安排土建湿作业完成后再安装。若因进度之故先安装了,则原因之二是成品保护意识不强,保护措施没有,应在土建喷浆前用塑料薄膜等包起来遮挡。

2)镀锌钢导管除JDG管有专用配件做接地跨接连接外,其他镀锌钢导管要用截面积不小于 $4mm^2$ 的铜线经钎焊或专用抱箍做跨接接地连接,焊接连接会破坏管内外镀锌层,会影响使用寿命,也有悖于采用镀锌钢管的原意。

3)照明配电箱为供应的成品,涂层完好美观,气割开导管入口不仅影响观感质量,而且涂层破坏影响使用寿命,应该采用开孔机开导管的入口,箱门接地导线松动是指与接地螺丝的连接松动,应采取防松措施,如加弹簧垫或加双螺母。

3. 通风与空调工程

(1) 背景

Z公司承建H市一星级酒店的机电安装工程,投标书中向总承包单位承诺按鲁班奖目标的质量等级进行施工,为此Z公司项目部在开工前对全体员工进行培训,目的是怎样消除施工中的质量通病(质量缺陷)。项目部质量员依据通风与空调工程中常见的质量缺陷作了分析,并提出了解决的办法,具体有以下三个方面。

(2) 问题

1) 风管的出风口布置,尤其是走廊、大厅等公共场所要与建筑装修设计和谐协调,不能凌乱无序,为什么?怎样解决?

2) 地下车库明装矩形风管的吊架,风管安装后,横担下露出的螺杆长度太长,且严重参差不齐,横担上锁紧螺母多有漏装,应怎样克服?

3) 空调冷冻水或冷却水的镀锌钢管在镀锌前焊缝多有咬边现象,焊缝宽窄不同,且焊缝外形紧密不一,飞溅也没有清除,影响镀锌后的外观质量,应怎样克服?

(3) 分析与解答

1) 风系统末端出风口,在满足其送回风口使用功能及气流组织均衡的前提下,应考虑与其他安装系统末端部件的布置协调性,尤其是大厅、走廊等公共场所的吊顶喷头、烟感、探测器、音响喇叭、灯具、各类监控器及装修接口等,以达到美观、协调、舒适的建筑装饰效果和工作生活环境。施工前应通过深化设计,应用BIM技术进行整体排布,各专业末端安装成排成线、与装饰材料相吻合。施工前相关各方应确认深化设计图纸,样板先行,确认布置效果、确定标准施工工艺,以最终达到整体协调、美观的效果。

2) 地下车库明装的矩形风管吊架结构是门式的,由角钢横担和两侧固定在楼板下的圆钢吊杆组成,横担端部有孔与吊杆端部螺纹用上下螺母锁紧角钢横担,风管就搁装在横担上,由于风管在运行中会产生振动,如螺母安装数量不齐,下部无锁紧螺母,会产生螺母因振动而脱落现象,对运行存在风险。吊杆螺纹太长或参差不齐,主要缺少安装风管前的标高测定工作或者测绘不细,应把吊杆规格与风管安装标高一一对应起来,不要在任何位置用同样长度的吊杆。

3) 空调冷冻水或冷却水的镀锌钢管的焊接质量缺陷主要是焊工的技术素质不高所造成的,必须加强焊工的技术培训,考核合格后始能上岗作业,在正式施焊前先做出样板,要做好焊后对焊缝的清理工作,去除焊药皮,剔去飞溅物,同时加强对焊缝的外观质量检查。

4. 自动喷水灭火工程

(1) 背景

A公司承建某大型商住楼的自动喷水灭火消防工程,在提请消防验收前,A公司项目部组织自检,质量员在自检时发现以下质量缺陷,要求作业班组迅即整改。

(2) 问题

1) 有的火灾探测器运行编码指示灯方向不对,背离房间入口,为什么要整改?

2) 地下车库边的消防泵房内水力警铃装在泵房内,要移至值班室或泵房外墙上,为什么?

3) 喷淋给水干管的卡箍式(沟槽式)接口的支架设置有的不合理,太少,要增加,为什么?

(3) 分析与解案

1) 火灾探测器运行时指示灯会闪烁红色指示表示工作正常,其朝向应对着客房的入口处,便于检查巡视人员观察。

2) 消防泵启动时水力警铃会发出报警铃声，规范要求水力警铃安装在消防值班室或消防泵房外有人员经过的墙上，水力警铃的声级有限，装在泵房内会遭泵的运转声淹没而失去报警作用。

3) 如喷淋干管为卡箍式（沟槽式）连接是属于柔性连接，如发生火灾管内水流流动，管道会发生振动，而柔性连接口是管道振动发生泄漏的薄弱环节，所以每个接头（包含三通、四通、弯头、异径管等管件上下游的连接接头）两侧均应设置固定支架，支架与接头的净间距不宜小于 150mm 且不宜大于 300mm，以消除或最大限度地减小接口处的振幅，以确保运行中的安全。

5. 建筑智能化工程

（1）背景

A 公司承建某影剧院的建筑智能化工程，有 BA、FA、SA 等多个系统，在交工验收前 A 公司项目部组织施工员、质量员进行自检，检查中发现以下问题，要求整改完成后，再向业主提出交工验收申请报告。

（2）问题

1) 监控室的嵌入式显示屏柜通风不良要整改，为什么？

2) 安装在平顶上的线槽盖板不齐、端部密封不齐要整改，为什么？

3) 有些控制箱、控制柜周边检修距离不够要移位，为什么？

（3）分析与解答

1) 监控室的显示器组装成屏后，通常不放入柜内，使其在自然通风下散热，保持良好的工作状态，如放进后密闭的柜内影响自然通风，工作中产生的热量不易散去，影响正常使用，所以要在柜的两侧和背部设置百叶式通风口，与底部线缆沟形成自然通风渠道。

2) 装在建筑吊顶内的线缆槽应有密封的盖板，且两端开口处线缆敷设后要用胶泥封堵，目的是防止小动物及昆虫啃啮线缆，破坏线缆，影响正常运行。

3) 因为建筑智能化工程施工进场晚、完工也晚，而其他建筑设备安装基本已完工，如施工设计不完善或建筑智能化工程施工单位没有参加总体深化设计，其合理的设备安装位置被挤占是常有的事，但必须保持必要的检修空间，所以建筑智能化工程虽然开工较晚，但必须参加早期的总体深化设计，以尽量减少返工。

十六、质量资料的编制、收集和整理

本章对质量员在编制、收集、整理质量资料的知识和能力作出介绍,学习后在实践中参考应用。

(一)技能简介

本节介绍质量资料收集鉴别的基本知识,为编制整理质量资料做好基础工作,并对归档资料的质量提出要求。

1. 技能分析

(1) 参加单位工程施工组织设计的编制,编制中能对建筑设备安装各专业提出分项工程的数量,并对每个分项工程依据工程实际提出检验批的划分方案。

(2) 依据质量检验评定统一标准的规定及施工质量验收规范的要求,结合工程实际提出质量资料的各专业的记录表式(样品)。

(3) 如承包合同约定或新技术、新工艺、新材料、新设备采用,业主要求采用新的质量记录或对原有质量记录作出补充,质量员要提出新表式记录的方案。

(4) 质量资料收集的原则。

1) 及时参与施工活动,即对产生质量资料的施工活动要准时参与,不要把实时记录变为回忆录。

2) 保持与工程进度同步,指质量资料的形成时间与工程实体形成的时间的一致性。

3) 认真把关,指质量员对作业班组提供的质量资料要仔细审核,发现有误要指导纠正。

(5) 质量资料整理的要点

1) 要按不同专业、不同种类划分,以形成时间先后顺序进行整理组卷。

2) 整理中对作业队组提供的资料有疑问不要涂改,应找提供者澄清。

3) 整理后要有台账记录。

(6) 质量资料的基本要求

1) 符合性要求

表现为符合规范要求、符合现场实际部位、符合专业部位。

2) 真实性要求

质量资料应该实事求是、客观正确,既不为省工省料或偷工减料而隐瞒真相,又不为提高质量等级而歪曲事实。

3) 准确性要求

质量资料填写要完整、准确、齐全、无漏项,真实反映工程实际情况。

4) 及时性要求

及时性是指与工程同步形成。

5) 规范化要求
① 资料中的工程名称、施工部位、施工单位应按总承包单位统一规定填写；
② 资料封面、目录、装帧使用统一规格、形式；
③ 纸质载体资料使用复印纸幅面尺寸宜为 A4 幅面（297mm×210mm）；
④ 资料内容打印输出，打印效果要清晰；
⑤ 手写部分使用黑色钢笔或签字笔，不得使用铅笔、圆珠笔或其他颜色的笔；
⑥ 纸质载体上的签字使用手写签字，不允许盖章和打印。签字者必须是责任人本人。签字要求工整、易认，不得使用艺术签字。

6) 便于检索的要求
① 按单位工程、分部工程、分项工程组卷清晰；
② 编制总的组卷目录、卷内目录；
③ 打印卷内页码，与目录内容保持一致。

2. 质量资料的鉴别

对形成的资料进行鉴别是档案管理工作的重要内容之一，鉴别工作内容主要有：
(1) 资料的完整性
资料收集应齐全、成套，不能缺少组成部分，在一套资料内不能缺页。
(2) 资料的准确性
判定准确性的标准是两个一致：一是资料所反映的对象（单位工程、分部工程、分项工程）相一致；二是同一类资料中内容（专业）应一致。
(3) 资料的属性
所谓资料的属性鉴别，就是指判定资料的性质和归属。把技术资料、物资资料、施工记录、试验记录、质量验收记录区别开来。
(4) 保管期限
资料在归档前要根据有关规定和标准鉴别资料是否具有保存价值，确定哪些要归档，哪些不要归档，还要根据保存价值的大小，按规定确定保管期限。

3. 质量资料归档质量要求

如质量员编制、收集、整理的质量资料要纳入城建档案，则应符合《建设工程文件归档规范》GB/T 50328—2019 对工程文件质量要求的规定，其要点如下：
(1) 归档的工程文件应为原件。
1) 因各种原因不能使用原件的，应在复印件上加盖原件存放单位公章，注明原件存放处，并有经办人的签字及日期。
2) 对于物资质量证明文件可用抄件（复印件）。若用抄件（复印件）时，应保留原件所有内容，其上必须注明原件存放单位、经办人签字和日期，并加盖原件存放单位公章（公章不能复印）。
3) 对于群体工程，若有多个单位工程需用同一份洽商记录，则除原件存放单位外，其他单位工程可用复印件，但其上必须注明原件存放单位、经办人签字和日期，并加盖原件存放单位公章（公章不能复印）。

（2）工程文件的内容及其深度必须符合国家有关工程勘察、设计、施工、监理等方面的技术规范、标准和规程。

（3）工程文件的内容必须真实、准确，与工程实际相符合。

（4）工程文件应采用耐久性强的书写材料，如碳素墨水、蓝黑墨水，不得使用易褪色的书写材料，如：红色墨水、纯蓝墨水、圆珠笔、复写纸、铅笔等。

（5）工程文件应字迹清楚，图样清晰，图表整洁，签字盖章手续完备。

1）工程文件中的照片（含底片）及声像档案应图像清晰，声音清楚，文字说明或内容准确。

2）计算机形成的工程文件应采用内容打印、手工签名的方式。

3）施工图的变更、洽商、绘图应符合技术要求。

（6）工程文件中文字材料幅面尺寸规格宜为A4幅面（297mm×210mm）。图纸宜采用国家标准图幅。

（7）工程文件的纸张应采用能够长期保存的韧力大、耐久性强的纸张。

（8）归档的电子文档应符合存档的格式要求。

1）应包含原数据，保证完整性和有效性。

2）采用电子签名等手段，所载内容应真实可靠。

3）内容必须与纸质档案一致。

4）电子离线归档的存储媒体，可采用移动硬盘、闪存盘、光盘、磁带。

4. 质量资料编制收集的渠道

（1）隐蔽工程记录

1）隐蔽的部位，查阅各专业施工图纸。

2）隐蔽的时间，与施工员沟通作业计划的安排，并如期至作业面查核。

3）隐蔽前的检查或试验要求，查阅相关专业的施工质量验收规范。

（2）检验批的质量验收记录

1）检验批的划分，按施工组织设计确定的方案进行。

2）检验批完工时间、检查时间安排与施工员沟通，确定实施检查的时间。

3）检验批的质量检查标准，按相关专业施工质量验收规范规定执行。

（3）分项工程质量验收记录

1）分项工程所属全部检验批完工时间、检查时间与施工员沟通，确定实施检查时间。

2）检查完毕该分项工程的全部检验批，及时填写所属检验批质量验收记录。

3）按《建筑工程施工质量验收统一标准》GB 50300—2013规定，判定分项工程的质量，如合格则填写分项工程质量验收记录。

（4）分部工程质量验收记录

1）分部工程所属分项工程已全部完工，且经检查验收合格，并填写验收记录。

2）按《建筑工程施工质量验收统一标准》GB 50300—2013规定对安装工程有关安全及功能的检验和抽样检测完成，并做记录。

3）对该分部工程观感质量检查已完成，并做记录。

4）按《建筑工程施工质量验收统一标准》GB 50300—2013规定，已整理好该分部工程的质量控制资料。

5）按《建筑工程施工质量验收统一标准》GB 50300—2013 规定，判定分部工程的质量，如合格则填写分部工程质量验收记录。

（5）单位工程验收记录

1）房屋建筑设备安装工程的室内部分仅有分部工程，分包单位完成所有设备安装分部工程质量验收记录后，要移送至总包单位，由总包单位编制单位工程质量验收记录。

2）房屋建筑设备安装工程室外安装仅有室外给水排水与采暖和室外电气两个分部工程。

3）室外安装工程按《建筑工程施工质量验收统一标准》GB 50300—2013 规定判定为合格，则填写单位工程质量竣工验收记录。

（6）除检验批的质量验收记录明确由质量员负责填写外，分项、分部、单位等工程的质量验收记录应该由组织验收的负责人指定人员填写记录。质量员要跟踪收集整理。

（7）原材料质量证明文件、复检报告

1）材料进场验收，由材料供应部门材料员主持，其质量证明文件、复验报告及进场材料验收记录等质量资料日常由材料部门保管，并登记造册。

2）工程竣工验收时由质量员会同材料部门材料员将材料、质量资料、其他资料收集汇总整理成竣工验收资料的一部分，同时材料部门要提供主要材料用在工程实体部位的记录资料。

（8）建筑设备试运行记录

1）建筑设备试运行质量资料根据试运行方案依据施工质量验收规范确定。

2）建筑设备试运行由施工员组织，并负责填写试运行记录（质量资料），并负责保管。

3）工程竣工验收时由质量员会同施工员将试运行记录收集汇总整理成竣工验收资料的一部分。

（二）案例分析

本节以案例介绍质量资料施工记录的质量要求和日后的应用。

1. 给水排水工程

（1）背景

Z 省对省级建筑工程优质奖评审的条件规定，对象是一个单位工程、工程的建筑面积 10000m² 以上、9 月 30 日前竣工经使用可参加下一年度的评奖。A 公司总承包承建的 Z 省 J 市经贸中心办公区项目，由一幢 9500m² 大楼和一幢 800m² 附属食堂商店组成，由于 A 公司精心组织施工，工程质量较佳，已被 J 市有关机构评为优质工程。A 公司为争取更大荣誉，向省申报省级优质奖评审，将申报书连同工程相关资料一起呈送。受理单位组织有关专家至 J 市检查工程实体，认为符合优质工程要求，但检查审核提交的相关资料，发现了问题，于是参评的资格被取消。

（2）问题

1）单位工程建筑面积不够？

2) 消防管道试压记录的日期是 10 月 15 日，不符评审条件？
3) 许多质量资料中不使用法定计量单位？

(3) 分析与解答

1) 评审的对象是单位工程，而申报资料中将评审对象变成为由两个单位工程组成的项目，且每个单位工程的建筑面积均没有达到评审条件规定的建筑面积，所以不能参评。

2) 该工程的消防管道试压日期是 10 月 15 日，后于要求的竣工日期在 9 月 30 日前，虽然竣工验收证书上签发日期是 9 月 28 日，明显是对建设单位做了工作，因为不可能在消防工程未完工的情况下就认同该工程已竣工，况且消防法规有关规定，未经消防验收合格的工程是不能投入使用的，于是使用考核的时间也不够，有弄虚作假嫌疑而被取消资格。

3) 计量法明确规定，我国要采用法定计量单位，一切文件资料说明教材等均应使用，工程质量资料中也不例外，如试验压力单位为 kg/cm^2 而不采用 MPa，长度度量用英寸而不用 mm 或 cm，这都表明 A 公司在法定计量单位使用的态度不严谨，也是企业管理工作质量不佳的表现，故而取消资格。

2. 建筑电气工程

(1) 背景

某省一住宅小区发生在暑假期间一男童触电死亡事故，经过是这样的，住宅楼为 5 层平屋顶，男童攀爬至屋顶后，沿外墙水管及雨篷向下回落，至一层入口雨篷，见有道路照明架空线路的钢索拉线在侧，便探身前跃，手抓拉线下滑，殊不知线路失修拉线带电，下滑脱手至地触电而亡，于是引起诉讼，经当地专家组调查确认，是架空线路离建筑物外墙距离太近，不符合设计规范和施工规范的规定所致。住宅由当地 A 建筑公司承建、架空线路由当地 B 电力承装公司承装。法院为澄清责任，查阅设计图纸，施工设计图上有明确的符合规范要求的安全距离，而工程实际，距离要小得多，这样排除了设计原因，显然是施工行为不当造成，法院咨询了工程建设有关专家，从而找到主要责任方。

(2) 问题

1) 法院是怎样找到主要责任单位的？
2) 简述工程质量资料的基本要求。
3) 发生拉线带电提醒了人们用电应注意的事项是什么？

(3) 分析与解答

1) 通常住宅小区的施工安排，住宅楼先开工，楼房结顶后，再安排室外的给水排水和电气工程，这样便可认为 B 公司施工行为不当而造成事故，但法院考虑到工程有两家单位实施不能用惯性思维处理，要用事实来说话，于是组织人力查阅两个公司提供的工程资料，只要从资料中认定开工日期的先后，便可决定事故的主要责任方。应该说后开工的单位是事故的主要责任方。这个案例说明工程资料起到厘清责任的重要作用。

2) 工程质量资料的基本要求有：
① 符合性要求。
② 真实性要求。
③ 准确性要求。

④ 及时性要求。

⑤ 规范化要求。

⑥ 便于检索的要求。

只有符合这六个方面要求的质量资料才认为是可信的、合格的、能日后可查阅应用的质量资料。

3) 查阅架空线路工程质量资料，通电前检查记录，绝缘情况是好的，多年使用未发现异常，这起事故的发生提醒了人们，电气设施的安全使用，要从两方面入手，一是建造时要依规实施，二是使用时要依章维护。

3. 通风与空调工程

（1）背景

A公司承建的某大型超市机电安装工程，竣工验收后，由业主接管机电设施的管理，商场开业前，为确保防火安全，对通风与空调工程的要害部位进行了全面检查，鉴于许多工程已属隐蔽，采用查阅质量资料确认责任人员和现场检查相结合的方法，A公司派该项目质量员协同并进行释疑。

（2）问题

1) 查验穿过封闭防火墙体的风管套管的钢板厚度及封堵材料的不燃性能，为什么？

2) 查验电加热器的接地及防触电安全，为什么？

3) 查验排烟口、排烟阀的动作，为什么？

（3）分析与解答

1) 查验时已无法见到实物，仅能查阅质量资料及其所附草图，钢板厚度为2mm，且套管与风管间缝隙填充的是不燃的耐火泥，资料上有关方面签字齐全，包括陪同查验的质量员在内，表明施工方进一步承诺承担质量责任。这个部位是强制性条文规定的内容，认真执行，如遇火灾，可起防火隔堵作用，否则易酿成大灾。

2) 查验时可对照质量资料和工程实体进行检查，电加热器装在风管上，使用时接地可防漏电引发触电事故，其引入电源的接线柱是裸露带电的，故应有保护罩加以防护，防止运行中或检修时发生人身安全事故。这也是强制性条文规定的要害部位。

3) 查验排烟口、排烟阀的动作，要结合功能性抽样检测资料进行检查，如当任何一个排烟口或排烟阀开启时，排烟风机应能自动启动，同时应能立即关闭着火区的通风空调系统，这是防排系统的主要功能之一的标志。

参 考 文 献

[1] 王清训. 机电工程管理实务（一级）[M]. 北京：中国建筑工业出版社，2022.
[2] 王清训. 机电工程管理实务（二级）[M]. 北京：中国建筑工业出版社，2022.
[3] 闵德仁. 机电设备安装工程项目经理工作手册[M]. 北京：机械工业出版社，2000.
[4] 徐第，孙俊英. 怎样识读建筑电气工程图[M]. 北京：金盾出版社，2005.
[5] 全国一级建造师职业资格考试用书编写委员会. 建设工程项目管理[M]. 北京：中国建筑工业出版社，2022.
[6] 全国建筑业企业项目经理培训教材编写委员会. 施工组织设计与进度管理[M]. 北京：中国建筑工业出版社，2001.
[7] 张振迎. 建筑设备安装技术与实例[M]. 北京：化学工业出版社，2009.
[8] 邰风涛，赵晨. 建设工程质量管理条例释义[M]. 北京：中国城市出版社，2000.
[9] 全国建筑施工企业项目经理培训教材编写委员会. 工程项目质量与安全管理[M]. 北京：中国建筑工业出版社，2001.
[10] 李慎安. 法定计量单位速查手册[M]. 北京：中国计量出版社，2001.
[11] 马福军，胡力勤. 安全防范系统工程施工[M]. 北京：机械工业出版社，2012.
[12] 中华人民共和国住房和城乡建设部. 建筑工程资料管理规程：JGJ/T 185—2009[S]. 北京：中国建筑工业出版社，2009.
[13] 李源清. 建筑施工组织设计与实训[M]. 北京：北京大学出版社，2014.